.NET 开发经典名著

C#实践入门

快捷学习 C#编程和 Unity 游戏开发

(第 4 版)

[美] 哈里森·费隆(Harrison Ferrone) 著
冯俊儒 许瑞灌 梅 晶 译

清华大学出版社
北 京

北京市版权局著作权合同登记号　图字：01-2020-6981

图书在版编目(CIP)数据

C#实践入门：快捷学习 C#编程和 Unity 游戏开发：第 4 版/(美)哈里森 • 费隆(Harrison Ferrone)著；冯俊儒，许瑞灌，梅晶 译. —北京：清华大学出版社，2021.5
(.NET 开发经典名著)
书名原文：Learning C# by Developing Games with Unity 2019: Code in C# and build 3D games with Unity, 4th Edition
ISBN 978-7-302-57585-6

Ⅰ.①C… Ⅱ.①哈… ②冯… ③许… ④梅… Ⅲ.①C 语言－程序设计 Ⅳ.①TP312.8

中国版本图书馆 CIP 数据核字(2021)第 031282 号

责任编辑：王　军
装帧设计：孔祥峰
责任校对：成凤进
责任印制：沈　露

出版发行：清华大学出版社
网　　址：http://www.tup.com.cn，http://www.wqbook.com
地　　址：北京清华大学学研大厦 A 座　　邮　　编：100084
社 总 机：010-62770175　　邮　　购：010-62786544
投稿与读者服务：010-62776969，c-service@tup.tsinghua.edu.cn
质 量 反 馈：010-62772015，zhiliang@tup.tsinghua.edu.cn
印 装 者：大厂回族自治县彩虹印刷有限公司
经　　销：全国新华书店
开　　本：170mm×240mm　　印　　张：17　　字　　数：352 千字
版　　次：2021 年 5 月第 1 版　　印　　次：2021 年 5 月第 1 次印刷
定　　价：69.80 元

产品编号：088760-01

译者序

C#是一种简洁精炼、类型安全的面向对象编程语言，因易用、高效、稳定而得到广泛使用。通常，了解 C、C++、Java 中任何一种编程语言的开发人员都能在短时间内上手 C#。C#还可作为脚本语言用于 Unity3D 开发。

Unity3D 是目前市面上最热门的跨平台游戏引擎。由于十分易用、便利，Unity3D 极大提高了游戏开发效率。经过多年的发展，Unity3D 有了良好的生态圈，AssetStore 插件丰富，网络上的技术分享也有很多。

本书将带领你从零开始学习 C#语言，同时在熟悉 Unity3D 基本操作的前提下，开发一个有趣的游戏。本书内容深入浅出、循序渐进，不但授人以鱼，还授人以渔，各个核心要点都有代码示例。对于入门 C#或 Unity3D 游戏开发来说，本书简单易学，可操作性强，是最佳阅读选择。

本书共分 12 章，其中第 1~4 章由许瑞灌翻译，第 5~8 章由冯俊儒翻译，第 9~12 章由梅晶翻译，全书由冯俊儒统稿。

非常感谢清华大学出版社为我们提供了这次宝贵的翻译机会，在此要感谢本书的编辑，他们为本书的翻译和出版投入了巨大的热情并付出了很多心血。没有他们的帮助和鼓励，本书不可能顺利付梓。

对于这本 C#实用之作，译者在翻译过程中力求忠于原文，将作者的本意呈现给读者，但是由于水平有限，书中肯定存在不当或遗漏之处，敬请各位读者不吝赐教，我们将不胜感激。

作者简介

Harrison Ferrone是土生土长的芝加哥人，他经常为LinkedIn和Pluralsight创建教学内容，此外还是Ray Wenderlich网站的技术编辑。

在科罗拉多大学博尔德分校和芝加哥哥伦比亚学院求学时，Harrison Ferrone撰写过许多有趣的论文。作为iOS开发人员，在为一家初创公司和另一家名列《财富》500强的公司工作数年后，Harrison Ferrone选择从事教育事业。期间，他购买了许多书籍，养了几只猫，还思索了为何论文集《神经漫游者》不会出现在更多的教学大纲里。

审校者简介

Luiz Henrique Bueno 是一位拥有 Certified ScrumMaster (CSM) 和 Unity 认证的开发人员，他在软件开发领域有超过 29 年的经验。2002 年，当 Visual Studio 发布时，Luiz Henrique Bueno 就撰写了 *Web Applications with Visual Studio.NET, ASP.NET, and C#*一书。他曾担任智能家居杂志 *Casa Conectada* 的主编长达 6 年时间，期间，他使用 Crestron 和 Control4 开发了许多项目。此外，Luiz Henrique Bueno 还是 *Unity 2017 Game Optimization, Second Edition* 一书的审稿人。他的座右铭是“不要为质量检查编写代码，而要为创建产品编写代码”。

前　言

Unity 已成为全球最受欢迎的游戏引擎之一，可满足业余爱好者、专业 3A 工作室和电影工作室人员的需求。虽然主要被视为 3D 工具，但 Unity 还包含 2D 游戏、虚拟现实乃至产品后期处理及跨平台发布等诸多专业功能。

尽管 Unity 提供的即拖即用接口与内置功能已广受开发者欢迎，但真正使得 Unity 得到进一步发展的原因在于 Unity 支持使用 C#来编写行为与游戏机制。编写 C#代码对于有其他编程语言经验的程序员来说虽然不会是什么太大的障碍，但是会让没有任何编程经验的人望而生畏。这正是本书将要发挥的作用，因为本书将会带领你从零开始学习 C#语言与编程的基本要素，同时在 Unity 中开发一些有趣的好玩游戏。

目标读者

本书主要是为没有任何编程经验或不了解 C#语言的读者编写的。如果有相关知识抑或是一位经验丰富的程序员，但想要尝试游戏开发，那么本书也适合阅读和参考。

本书内容

第 1 章“了解环境”将介绍 Unity 的安装过程、编辑器的主要功能以及如何查找并学习与 C#和 Unity 主题有关的文档。该章同时还会介绍如何在 Unity 中创建 C#脚本并使用 Visual Studio 编写代码。

第 2 章“编程的构成要素”将列出编程中最基本的概念，尝试将变量、方法、类型与日常生活中的情境联系起来。你还将学习简单的调试技巧、合适的格式与注释并了解

Unity 是如何将 C#脚本转换成组件的。

第 3 章“深入研究变量、类型和方法”将深入介绍变量相关的知识，包括 C#的数据类型、命名规范、访问修饰符以及其他一切编程基础知识。之后你将学习如何编写方法，使用参数与返回类型。该章最后将概述属于 MonoBehaviour 类的标准 Unity 方法。

第 4 章“控制流程与集合类型”将介绍用来进行决策的通用方式，包含 if-else 和 switch 语句。然后讨论数组、列表和字典，并利用迭代语句遍历以上集合类型。该章最后将讨论条件循环语句和一种特殊的 C#数据类型——枚举。

第 5 章“使用类、结构体和 OOP”将详细介绍如何在代码中构造并实例化类与结构体，包括创建构造函数、添加类及结构体的变量和方法的基本步骤以及有关子类和继承的知识。该章将以介绍面向对象编程以及如何将其应用于 C#结束。

第 6 章“亲自上手使用 Unity”将脱离 C#语法，开始对游戏设计、关卡构建和 Unity 特色工具进行学习。该章将从一份基础的游戏设计文档开始，然后摆放好关卡几何体并添加光照和简单的粒子系统。

第 7 章“移动、相机控制与碰撞”将解释移动玩家对象和设置第三人称相机的不同方式，还会讨论如何利用 Unity 的物理系统来达到更真实的运动效果，并使用碰撞体组件在场景中进行交互。

第 8 章“编写游戏机制”将介绍游戏机制的概念以及如何高效地加以实现。该章从简单的跳跃行为开始，接着创建射击机制，并添加用来处理物品收集机制的代码。

第 9 章“人工智能基础和敌人行为”将简要介绍游戏中的人工智能以及将要应用到 Hero Born 中的概念，内容涵盖在 Unity 中使用关卡几何体和导航网格进行寻路、智能代理以及实现敌军的自动移动。

第 10 章“回顾类型、方法和类”将更深入地讨论数据类型、函数特性以及可应用于更复杂类中的其他行为。该章将使你对 C#语言的广度与深度有更深刻的理解。

第 11 章“探索泛型、委托等”将详细讲解 C#语言的更多中级特性以及如何将它们应用于实际场景中。你将学习泛型编程并了解诸如委托、事件和异常处理的概念。该章将以对一些通用设计模式的讨论而结束，使你为未来的学习做好准备。

第 12 章“旅行继续”将回顾你在本书中学习的主题，并提供一些可用于后续学习 C#和 Unity 的资源，包括网络材料、认证信息以及许多受欢迎的视频教程。

附录 A“完整的游戏代码文件”中包含组成 Hero Born 的必需的 C#脚本。

附录 B“辅助类”中包含一些来自第 10 章和第 11 章的中级代码，这些代码不会直接影响 Hero Born 的游戏机制。

附录 C“小测验答案”提供本书每一章末尾出现的小测验的答案。

如何有效利用本书

在即将到来的学习 C#和 Unity 之旅中，你唯一需要做的就是保持好奇心。为了巩固所学的知识，你需要完成所有的“实践”与“试验”以及各章末尾的小测验。最后，在继续前进之前，回顾你从每一章学到的知识是绝佳的主意。勿在浮沙上筑高台！

下载示例代码和书中截图

本书的示例代码及截图可通过扫描封底的二维码获得。

目 录

第 I 部分

编程基础与 C#

本书第 I 部分将从头开始介绍 Unity 开发环境、编程基础和 C#语言，你将了解如何使用 Unity 并掌握创建简单游戏所需的基础知识。

内容包括：

- 第 1 章“了解环境”。
- 第 2 章“编程的构成要素”。
- 第 3 章“深入研究变量、类型和方法”。
- 第 4 章“流程控制与集合类型”。
- 第 5 章“使用类、结构体和 OOP”。

第 1 章 了解环境

大部分人认为，计算机程序员不合群，是独行侠或是在算法思想方面有非凡心智和天赋的极客，他们几乎没有社交智商且骨子里有种古怪的不守规矩的天性。然而事实并非如此，实际上，有些观点则认为学习编程从根本上改变了人们看待世界的方式。值得庆幸的是，人们天生的好奇心可以快速适应这种新的思维方式，甚至可能会慢慢喜欢上。

在日常生活中，我们已经在使用可以转换为编程的分析技能——只是缺少将这些技能映射到代码中的正确语言和语法。你知道自己的年龄，对吧？年龄就是变量。过马路时，你会向左右看，然后像其他人一样再次向左看，此时就是在评估不同的条件或控制流程。当看到一瓶汽水时，你会本能地识别出一些属性，比如形状、重量和所装之物，这瓶汽水就是类对象。

本章将通过以下主题开启你的 C#编程和 Unity 之旅：

- 一些基本前提
- 从 Unity 2019 开始
- 在 Unity 中使用 C#
- 使用 Visual Studio 编辑器
- 访问文档和资源

1.1　一些基本前提

有时候，说出某个事物不是什么相比说出是什么更容易。本书的主要目标不是学习 Unity 或所有游戏开发的来龙去脉。本书将简单介绍这些主题，并在第 6 章进行较详细的讨论，目的是提供一种有趣且易懂的方式，使读者能够从头开始学习 C#编程语言。

因为本书针对编程新手，所以如果没有使用过 C#或 Unity，那么来对地方了！如果对 Unity 编辑器有一些经验，但没有编程经验，那么仍然来对地方了！即使已经涉足 C#和 Unity，但仍想探索一些中级或高级主题，本书也可以提供所需的内容。

注意：

对于具备其他编程语言经验的程序员，可以跳过入门理论，直接阅读自己感兴趣的章节。

1.2　从 Unity 2019 开始

访问 https://store.unity.com/网站，你会看到几个选项，如图 1-1 所示。不要不知所措——你可以通过选择右边的 Personal 选项免费获得 Unity。其他付费选项提供了更高级的功能和服务，后面可自行查看这些选项。

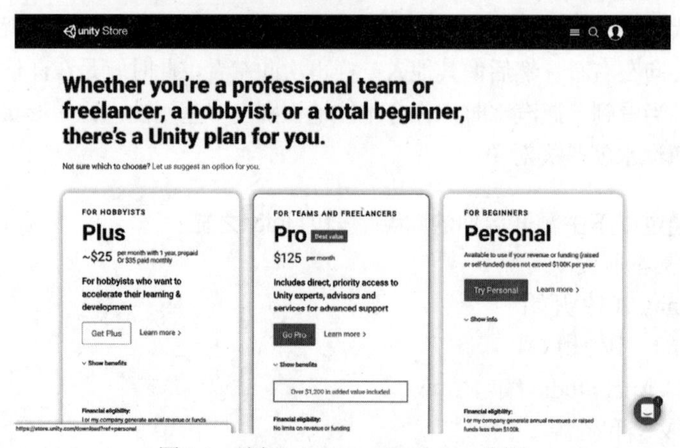

图 1-1　访问 https://store.unity.com/网站

选择个人版(有别于专业版)后，将停留在下载界面。请接受条款，然后单击 Download Installer for Mac OS X 按钮，如图 1-2 所示。

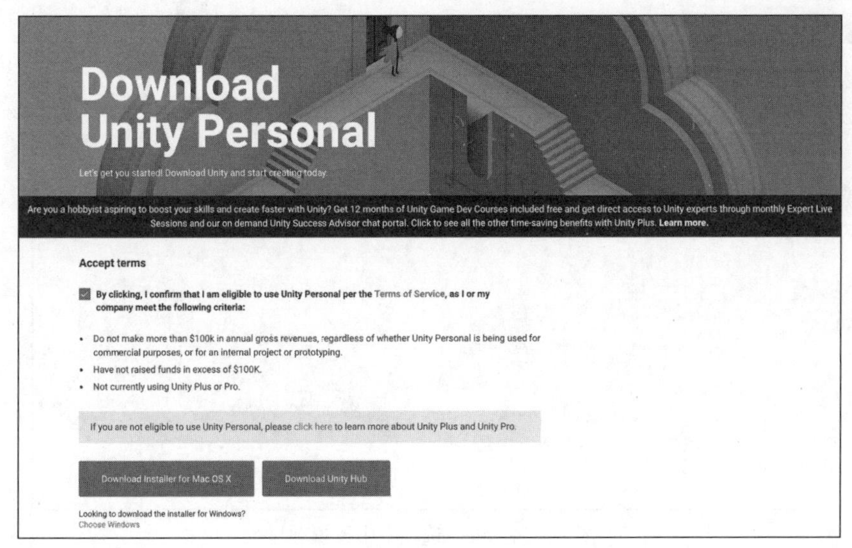

图 1-2　下载 Unity 个人版

如果使用的是 Windows 操作系统，请单击 Download Installer for Mac OS X 按钮下方的 Choose Windows 链接，然后接受条款就可以开始下载 Unity 个人版了！

注意：

通过图 1-2 所示界面还可以下载 Unity Hub，通过 Unity Hub 可以下载和管理不同版本的 Unity。

下载完之后，双击安装文件并按照安装说明进行操作。当获得许可证时(需要激活的有效 Unity 证书)，即可继续并启动 Unity！

注意：

本书使用 Unity 2018.3.8f1 创建示例并截图，这些示例已在 Unity 2019.2.0a7 上运行通过。如果你使用的是较新版本，那么编辑器中的内容则可能会略有不同，但后续操作不会有问题。

1.2.1　创建新项目

打开 Unity 后，你首先看到的将是仪表板(Unity 启动界面)。如果有 Unity 账户，请登录。如果没有，则需要创建 Unity 账户或单击界面底部的 Skip 按钮。

如图 1-3 所示，选择右上方的 New 选项卡并设置如下字段以创建新项目。

- Project name：这里设置为 Hero Born。
- Location：输入项目的存储路径。

- Template：确保设置为 3D。

设置完项目之后，单击 Create project 按钮。

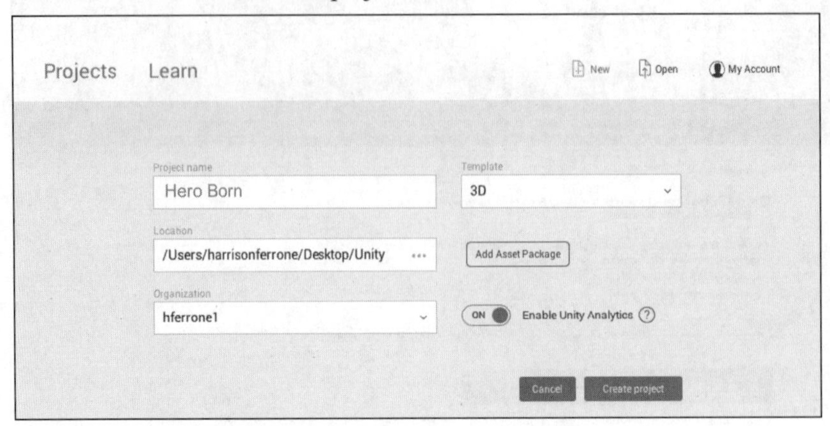

图 1-3　在 New 选项卡中设置项目

1.2.2　浏览编辑器

在完成对新项目的初始化之后，你就会看到壮观的 Unity 编辑器！图 1-4 已对重要的选项卡(或面板)做了标记。

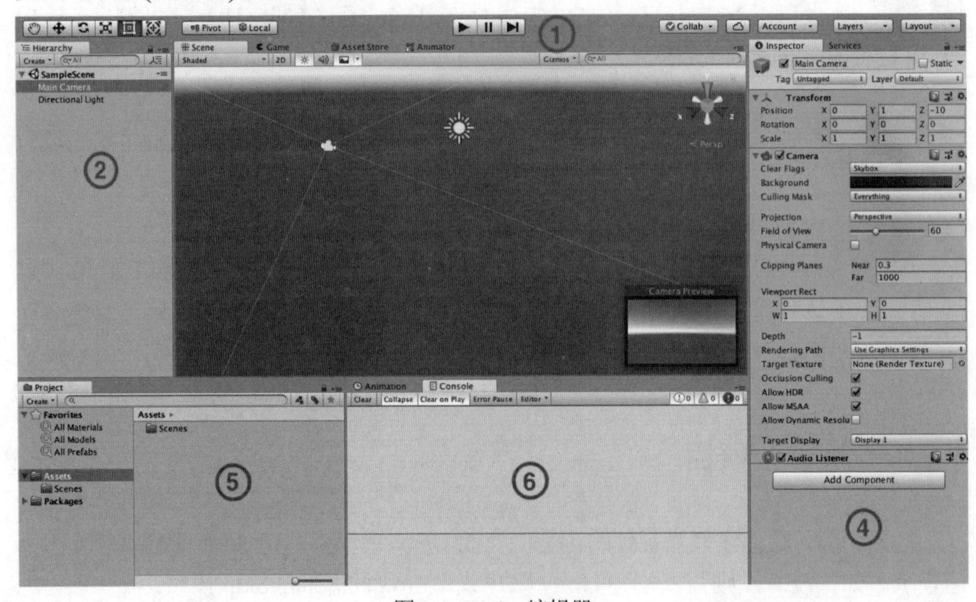

图 1-4　Unity 编辑器

- 工具栏位于Unity编辑器的顶部。其中，最左边的一组按钮可以操纵对象，中间的一组按钮可以播放或暂停游戏，最右边的一组按钮则涉及Unity服务、Layer Masks(层级菜单)以及本书从不使用的Layout菜单。
- Hierarchy面板展示了当前场景中的每个游戏对象。项目最初只有默认的相机和平行光，当创建了原型环境时，Hierarchy窗口开始被填充。
- 游戏中最直观的是Game视图和Scene视图。Scene视图可以当作舞台，设计者在Scene视图中移动并布置2D和3D对象。当单击Play按钮时，Game视图将接管并渲染Sence视图以及任何已编程的交互。
- Inspector面板提供了查看和编辑对象属性的一站式服务。在图1-4中，可以看到Main Camera显示的几个部分(Unity称之为组件)都可以通过Inspector面板来访问。
- Project面板显示了当前项目中的所有资产(Asset)，它们可被看成项目的文件夹和文件。
- Console面板用于显示脚本的输出结果。从现在开始，我们谈到的所有控制台输出或调试输出都会显示在Console面板中。

注意：

通过访问 https://docs.unity3d.com/Manual/UsingTheEditor.html，就可以在Unity文档中找到有关每个面板的功能的更深入介绍。

如果不熟悉Unity，那么需要处理很多事情。但请放心，任何指示总是能够指导你执行必要的步骤。问题不会悬而不决，让你不知道该怎么处理。把上述事情放在一边，就可以创建一些实际的C#脚本了。

1.3 在Unity中使用C#

展望未来，把Unity和C#看作共生的实体是很重要的。Unity是创建脚本并最终运行脚本的引擎，但实际的编程工作是在另一个名为Visual Studio的编辑器中进行的。不用担心——稍后就会讲到。

1.3.1 使用C#脚本

即使还未介绍任何基础的编程概念，你也仍然需要知道如何在Unity中创建C#脚本。

在编辑器中创建 C#脚本的方法有如下几种：

- 在菜单栏中选择 Assets | Create | C# Script。
- 在 Project 选项卡中选择 Create | C# Script。
- 右击 Project 选项卡，从弹出的菜单中选择 Create | C# Script。

注意：
当需要创建 C#脚本时，可使用自己喜欢的任何方法。

提示：
除 C#脚本外的所有资源和对象都可以使用前面介绍的方法在编辑器中创建出来。本书不会在每次创建新的资源时都提到这些选项，所以请记住它们。

实践——创建 C#脚本

为了便于组织，我们会把各种资源和脚本存储在明确指定的文件夹中。这不仅是与 Unity 相关的任务，也是我们经常要做的事情。

(1) 在 Project 选项卡中选择 Create | Folder，创建一个文件夹并命名为 Scripts。

(2) 双击进入 Scripts 文件夹，创建一个新的 C#脚本。这个脚本默认被命名为 NewBehaviourScript，这里需要改为 LearningCurve。

刚刚发生了什么

我们刚创建了一个名为 Scripts 的文件夹，如图 1-5 所示。在 Scripts 文件夹中，我们又创建了一个名为 LearningCurve 的 C#脚本，并将其保存为 Hero Born 项目的部分资源。

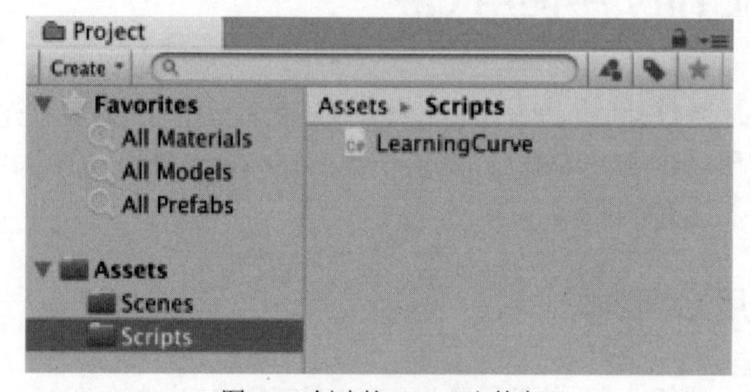

图 1-5　创建的 Scripts 文件夹

1.3.2　Visual Studio 编辑器

虽然 Unity 可以用来创建和保存 C#脚本，但我们需要使用 Visual Studio 来编辑它们。

Visual Studio 已预安装在 Unity 中，在编辑器中双击任何 C#脚本，就会自动打开 Visual Studio。

1. 实践——打开 C#脚本

Unity 在首次打开 C#脚本时，会把它们同步到 Visual Studio 中。最简单的同步方式就是在 Project 选项卡中选择脚本，比如 LearningCurve 脚本，双击后就可以看到脚本已在 Visual Studio 中打开，如图 1-6 所示。

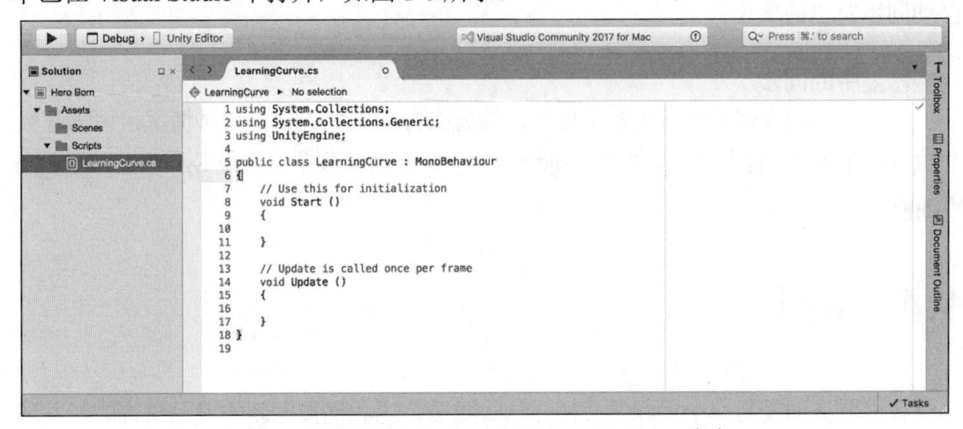

图 1-6　在 Visual Studio 中打开 LearningCurve 脚本

在图 1-6 中，界面的左侧展示了项目的文件夹结构，可以像访问普通文件夹一样进行访问；右侧是实际的代码编辑器。当然，Visual Studio 还有更多的功能，但掌握这些是我们保持继续前进所必需的。

2. 当心命名不匹配

新手程序员容易遭遇的常见陷阱就是文件的命名，具体而言，就是命名不匹配。以图 1-6 中的第 5 行代码为例：

```
public class LearningCurve : MonoBehaviour
```

LearningCurve 类名与 LearningCurve.cs 文件名相同，这是必需的，也是要求之一。即便还不知道类是什么，也没关系，只需要记住脚本文件名和类名必须相同即可。当在 Unity 的 Project 选项卡中创建 C#脚本时，脚本文件名处于编辑模式，可以进行重命名。选择此时对脚本文件进行重命名是个好习惯。如果选择之后再命名，那么脚本文件名和类名有可能不匹配。因为文件名虽然改了，但脚本中没有更新。例如，图 1-6 中的第 5 行代码很可能是下面这个样子：

```
public class NewBehaviourScript : MonoBehaviour
```

如果不小心这样做了，情况还不是很糟糕。只需要打开 Visual Studio，将 NewBehaviourScript 改为 C#脚本的名称即可。

1.3.3 同步 C#文件

作为共生关系的一部分，Unity 和 Visual Studio 保持相互联系并同步内容，这意味着如果在其中一个应用程序中新增、删除或修改脚本文件，那么另一个应用程序也会自动同步发生的变化。

修复中断同步

那么，当同步似乎无法正常工作时，该怎么办呢？如果遇到这种情况，请深呼吸并执行以下操作：右击 Unity 中的 Project 面板，从弹出的菜单中选择 Sync Visual Studio Project。

1.4 文档

我们要谈的最后一个主题是文档。这很重要，当我们接触新的编程语言或开发环境时，早点养成好习惯十分重要。

1.4.1 访问 Unity 文档

一旦开始认真编写脚本，就可能经常使用 Unity 文档。因此，了解如何访问 Unity 文档对你是很有帮助的。参考手册会对组件或主题进行概述，特定的编程示例则可在参考脚本中找到。

1. 实践——打开参考手册

场景中的每个游戏对象(GameObject，显示在 Hierarchy 面板中)都有 Transform 组件用于控制游戏对象的位置、旋转和缩放。简而言之，我们可以在参考手册中查找相机的 Transform 组件。

(1) 在 Hierarchy 面板中选中 Main Camera 对象。

(2) 单击 Transform 组件右侧的书本图标，如图 1-7 所示。

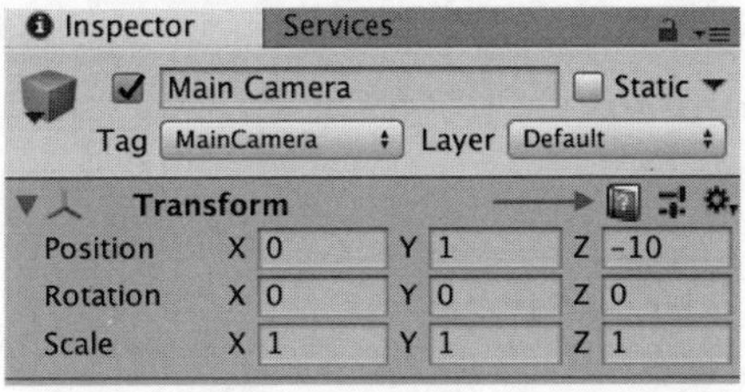

图 1-7　Inspector 面板中的 Transform 组件

刚刚发生了什么

此时，Web 浏览器将打开参考手册的 Transform 页面，如图 1-8 所示。Unity 中的所有组件都具有此功能。因此，如果想知道关于组件工作原理的更多信息，你应该知道该怎么做了。

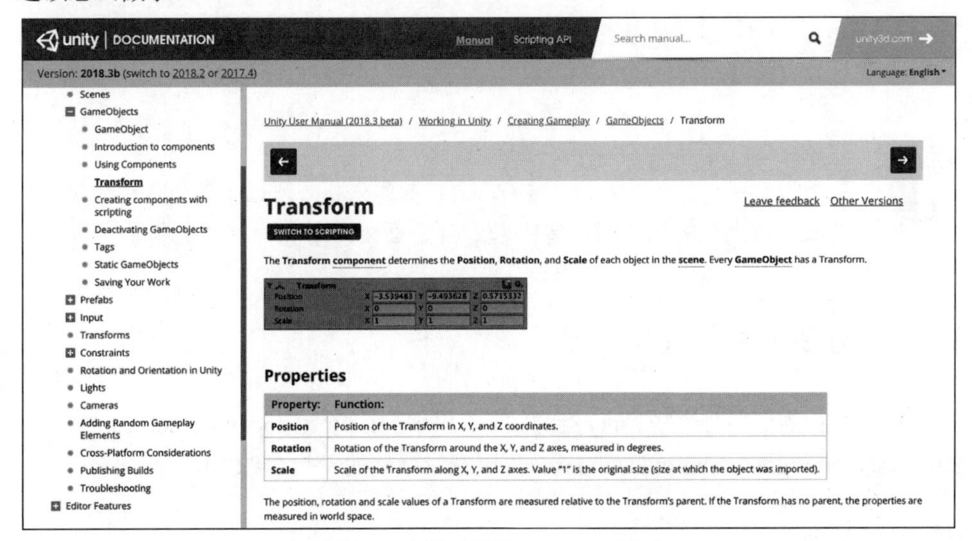

图 1-8　参考手册的 Transform 页面

2. 实践——使用参考脚本

现在，我们已经打开了参考手册。但是，如果想要得到与 Transform 组件相关的具体编码示例，该怎么办呢？这很简单——只需要访问参考脚本即可。单击组件或类名下方的 SWITCH TO SCRIPTING 链接。

刚刚发生了什么

参考手册将自动切换到 Transform 组件的参考脚本，如图 1-9 所示。

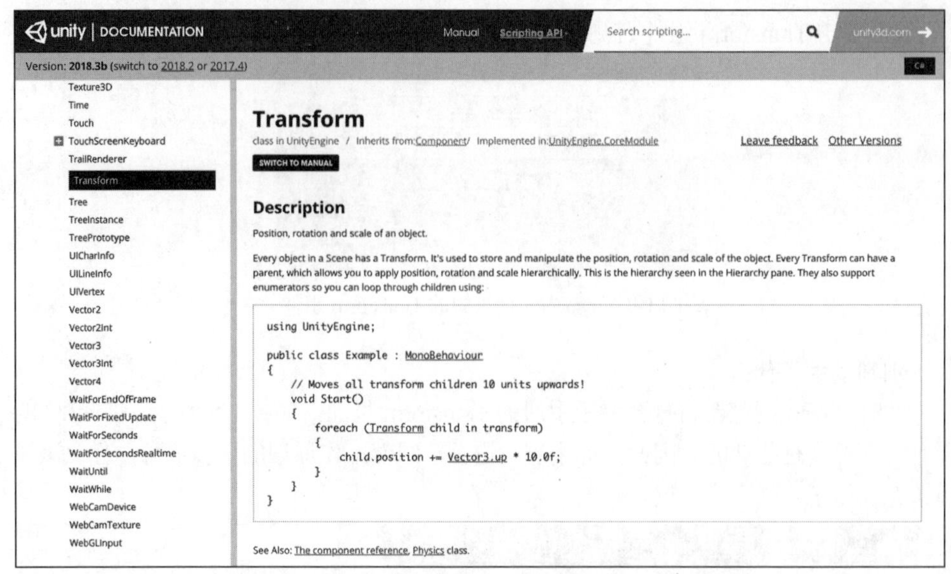

图 1-9　参考脚本

注意：

参考脚本一定是大型文档。然而，这并不意味着必须记住甚至熟悉参考脚本的所有信息才可以开始编写脚本。顾名思义，参考脚本仅供参考。

1.4.2　查找 C#资源

现在，我们需要关心一些 Unity 资源。通过访问链接 https://docs.microsoft.com/en-us/dotnet/csharp/programming-guide/index，可以查看微软的一些 C#文档。

注意：

还有其他许多 C#资源，从教程、快速入门到版本规范，各方面都有。如果感兴趣，可以访问 https://docs.microsoft.com/en-us/dotnet/csharp/。

实践——查找 C#类

加载编程指南链接，查找 C#的 String 类，如图 1-10 所示。

(1) 在左上角的搜索框中输入 Strings 并回车，也可向下滚动到语言部分(Language Sections)，然后直接单击 Strings 链接。

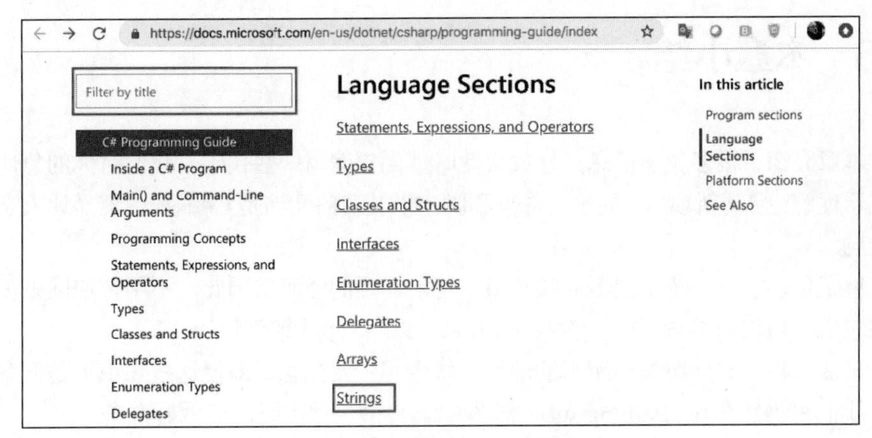

图 1-10　单击 Strings 链接

刚刚发生了什么

可以看到如图 1-11 所示的类描述页面。与 Unity 文档不同，C#参考和脚本信息全部混合在一起，这里唯一的可取之处就是右边的子主题列表，请充分利用好。

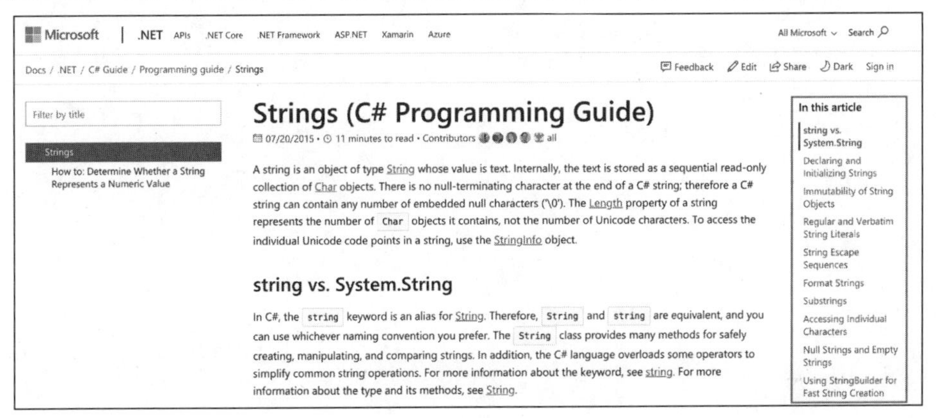

图 1-11　Strings 类的描述页面

1.5　小测验——处理脚本

1. Unity 和 Visual Studio 共享哪种类型的关系？

2. 参考脚本提供了有关使用特定 Unity 组件或功能的示例代码。从哪里可以找到有关 Unity 组件的与代码无关的更多详情？

3. 参考脚本是大型文档。在尝试编写脚本前，你记住了多少？

4. 命名 C#脚本的最佳时间是什么时候？

1.6 本章小结

本章介绍了很多预备信息，你如果此时就渴望编写一些代码，我们对你的急切之情表示理解。启动新项目、创建文件夹和脚本以及访问文档是 C#编程中容易让人忘记的主题。

请记住，本章介绍了很多后续章节中可能需要的资源。因此，不用害怕回来再次访问它们。可以将编程比喻为健身：锻炼越多，身体就越强壮。

第 2 章将开始介绍编程所需的理论、术语和主要概念。即使这些知识都是概念性的，我们也仍然会在 LearningCurve 脚本中编写第一行代码。请做好准备！

第2章 编程的构成要素

对于缺少编程经验的新手来说，任何编程语言一开始看起来都像古希腊语，C#也不例外。

值得庆幸的是，虽然它们神秘、晦涩，但所有编程语言都是由相同的基本要素构成的。

变量、方法和类(或对象)是传统编程的 DNA，只有理解了这些简单的概念，才可以开发出各种复杂的应用程序。

对于不熟悉编程的读者，本章会提供很多信息，让你能够开始编码。为了避免事实和数据使大脑超负荷，本章将通过日常生活中的例子，让你全面了解编程的构成要素。

本章专注于以下主题：

- 定义变量并使用它们
- 理解方法的目的
- 理解类以及对象担负的角色
- 把 C#脚本转换为 Unity 组件
- 掌握组件通信和点符号

2.1 定义变量

首先，什么是变量？目前存在如下几种观点：

- 从概念上讲，变量是编程的最基本单位，就好比原子，一切都基于变量，没有变量，程序就不可能存在。
- 从技术角度看，变量是用于存储指定值的一小部分计算机内存。变量会跟踪信息的存储位置(称为内存地址)以及值与类型(例如，数字、单词、列表)。
- 实际上，变量就相当于容器。可以随意创建新变量，然后赋值，移动位置，并在需要的地方引用。即便空的变量也是有用的。

举个现实生活中的示例——邮箱，如图 2-1 所示。你还记得吗？它们可以装信件、账单、照片等任何东西。关键在于邮箱里的东西是可变的。

图 2-1　邮箱

2.1.1 变量的名称很重要

参考图 2-1，如果让你去打开邮箱，你的第一反应可能是问：“打开哪一个？”

如果告诉你打开史密斯家的邮箱、棕色的邮箱或圆形的邮箱，你就知道该怎么做了。

类似地，在创建变量时，必须为它们指定唯一的名称，以便以后引用。我们会在第 3 章讨论有关格式化和命名变量的更多细节。

2.1.2　将变量作为占位符

实际上，创建和命名变量相当于给需要存储的值创建占位符。以如下简单的数学算式为例：

```
2 + 9 = 11
```

如果想把数字 9 改成变量的话，考虑以下代码：

```
myVariable = 9
```

现在，我们可以在任何地方使用 myVariable 变量替代数字 9：

```
2 + myVariable = 11
```

尽管还不是真正的 C#代码，但以上示例演示了变量的功能以及如何将它们作为占位符进行引用。

注意：
想知道变量是否有其他规则或规定吗？我们将在第 3 章介绍这些内容，请耐心等待。

1. 实践——创建变量

介绍的理论知识已经足够了，现在让我们在 LearningCurve 脚本中创建变量，不必担心语法，请参照图 2-2 编写脚本。

```
LearningCurve.cs
LearningCurve ▸ Update()
1 using System.Collections;
2 using System.Collections.Generic;
3 using UnityEngine;
4
5 public class LearningCurve : MonoBehaviour
6 {
7     public int carDoors = 4;
8
9     // Use this for initialization
10    void Start ()
11    {
12        Debug.Log(2 + 4);
13
14        Debug.Log(carDoors - 2);
15    }
16
17    // Update is called once per frame
18    void Update ()
19    {
20
21    }
22 }
```

图 2-2　创建 carDoors 变量

首先双击 Unity 项目中的 LearningCurve 脚本，打开 Visual Studio 编辑器，参照图2-2添加第7、12和14行代码。然后使用macOS中的Command + S组合键或Windows中的 Ctrl + S 组合键保存文件。

在 Unity 中运行脚本时，需要把脚本附加到场景中的游戏对象(在 Unity 中称为 GameObject)上。此时，项目中只有相机和方向灯。因此，我们选择把 LearningCurve 脚本附加到相机上，这样比较简单。

(1) 把 LearningCurve 脚本拖放到 Main Camera 上。

(2) 选择 Main Camera，它将出现在 Inspector 面板中，检查 LearningCurve 脚本是否已正确附加到 Main Camera 上，如图 2-3 所示。

(3) 单击 Play 按钮，查看 Console 面板中的输出。

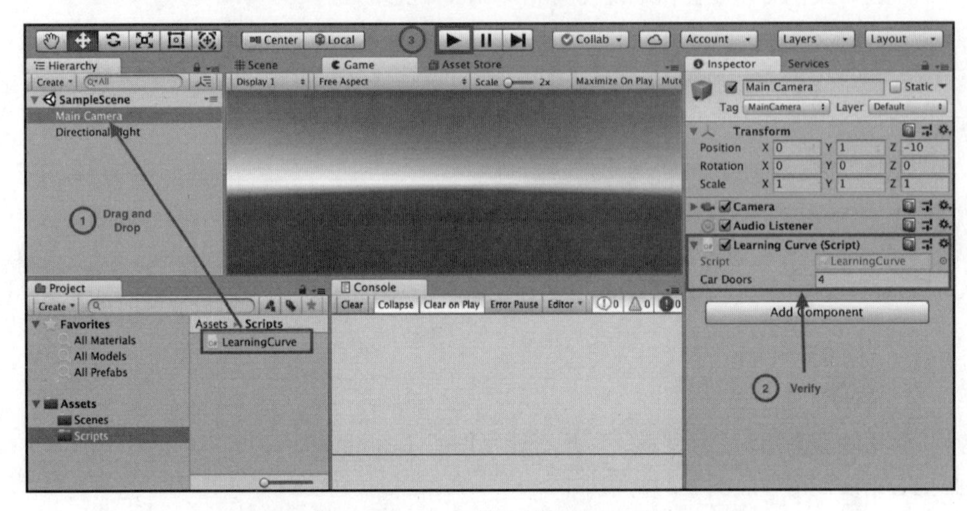

图 2-3　把 LearningCurve 脚本附加到 Main Camera 上

刚刚发生了什么

Debug.Log 语句用于打印括号之间的数学算式的结果。如图 2-4 所示，变量方程式使用起来与数学算式一样。

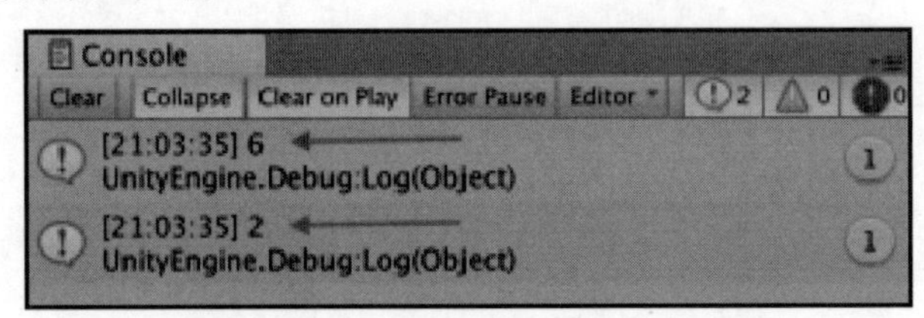

图 2-4　变量方程式在控制台中的输出结果

到了本章的最后，我们会讨论 Unity 如何将 C#脚本转换为组件。

2. 实践——更改变量的值

LearningCurve 脚本的第 7 行声明了 carDoors 变量，因此可以更改其中存储的值。更新后的值会在代码中使用了 carDoors 变量的地方起作用，让我们看看实际效果。

(1) 如果场景还在运行，请单击 Play 按钮以停止运行。

(2) 在 Inspector 面板中将 Car Doors 的值改为 3，再次单击 Play 按钮，在 Console 面板中查看新的输出，如图 2-5 所示。

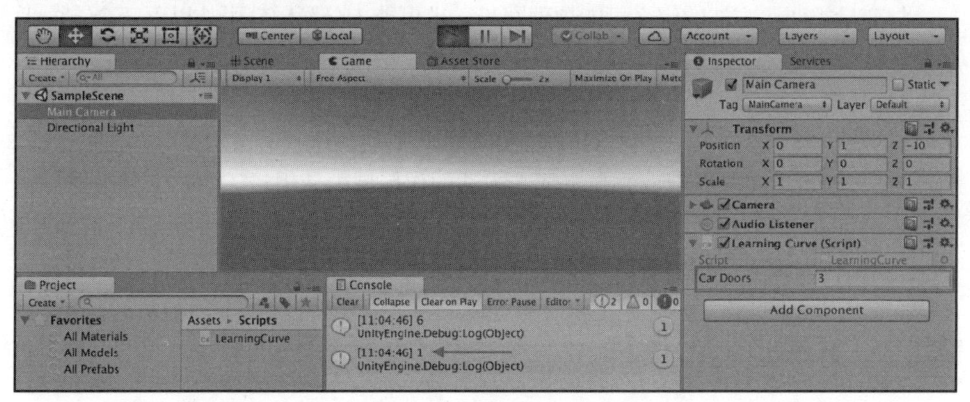

图 2-5　查看新的输出

刚刚发生了什么

第一次输出的是 6，但后来更改了变量的值，所以现在输出的是 1。

注意：

这里的目的不是复习变量的语法，而是演示当把变量作为容器时，如何创建和(在代码中)引用变量。我们将在第 3 章进行更详细的讨论。

2.2　疯狂的方法

就变量而言，除了跟踪指定的值之外，并不能做更多的事。就创建有意义的应用程序而言，它们本身并不是很有用。那么，如何在代码中创建操作(action)和驱动行为(behavior)呢？答案是使用方法(method)。

在讨论什么是方法以及如何使用方法之前，我们需要澄清术语上的一个小问题。在编程的世界里，你会看到方法和函数这两个术语经常互换使用，Unity 也不例外。C#是一门面向对象的编程语言(Object-Oriented Programming Language，OOPL，这是第

5 章要讲的内容)，因此为了符合标准的 C#准则，本书统一使用方法这一术语。

提示：

当你在参考脚本或其他文档中遇到函数(function)一词时，请当作方法进行理解。

2.2.1 方法驱动行为

与变量类似，方法的定义可能烦琐冗长，也可能十分简短。可从以下三个方面考虑方法：

- 从概念上讲，方法是在应用程序中完成工作的方式。
- 从技术上讲，方法是包含可执行语句的代码块，这些语句在调用方法时运行。方法可以接收参数，并且需要在方法的作用域内使用。
- 实际上，方法是每次执行时都会运行一组指令的容器。这些容器可以接收变量作为输入，这些变量只能在方法内部使用。

2.2.2 方法也是占位符

这个概念可以使用数字相加的例子来理解。编写脚本实际上是在设定代码行以便计算机按顺序执行。要把两个数字相加，可以像如下代码行一样简单粗暴地进行处理：

```
someNumber + anotherNumber
```

得到的结论是，当其他地方也需要把这些数字相加时，可以创建方法来处理这些行为，而不是复制和粘贴同一行代码(你必须不惜一切代价来避免这样做)。

```
AddNumbers
{
    someNumber + anotherNumber
}
```

AddNumbers 就像变量一样会分配内存，但其中存储的不是值，而是指令块。可在脚本中的任何地方使用方法名(调用指定的方法)，进而执行方法中存储的指令，以免代码重复。

实践——简单方法

再次打开 LearningCurve 脚本，看看 C#方法是如何工作的。就像之前的变量示例一样，把代码复制到脚本中，如图 2-6 所示。

为使代码更整洁，这里删掉了前面的示例代码，你也可以把代码保留在脚本中以便参考。

(1) 打开 Visual Studio 中的 LearningCurve 脚本，新增如图 2-6 中的第 7、8、13、16~19 行所示的代码。

(2) 保存文件，返回到 Unity 并单击 Play 按钮，看看控制台中的输出。

LearningCurve ▸ AddNumbers()

```
1 using System.Collections;
2 using System.Collections.Generic;
3 using UnityEngine;
4
5 public class LearningCurve : MonoBehaviour
6 {
7     public int firstNumber = 2;
8     public int secondNumber = 3;
9
10    // Use this for initialization
11    void Start ()
12    {
13        AddNumbers();          ←—— 调用方法
14    }
15
16    void AddNumbers()
17    {
18        Debug.Log(firstNumber + secondNumber);    ←—— 方法的定义
19    }
20 }
21
```

图 2-6　创建并调用 AddNumbers 方法

刚刚发生了什么

我们刚刚在 LearningCurve 脚本中的第 16~19 行定义了 AddNumbers 方法，并在第 13 行调用了这个方法。现在，无论在何处调用 AddNumbers 方法，firstNumber 和 secondNumber 这两个变量都会相加并将结果打印到控制台，如图 2-7 所示，即使它们的值发生变化。

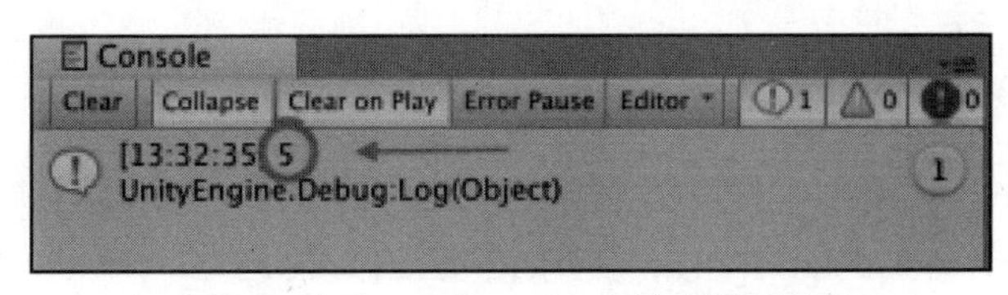

图 2-7　打印 AddNumbers 方法的调用结果

继续在 Inspector 面板中尝试不同的变量值，并查看调用效果。第 3 章将介绍刚才所编写代码的更多语法细节。

2.3 类的引入

我们已经了解了变量如何存储信息以及方法如何执行行为，但是我们的编辑工具包仍然有一定的局限性。我们需要一种方式来创建超级容器，这种容器有自己的变量和方法，并且这些变量和方法可以从容器本身进行引用。于是，我们引入了类：

- 从概念上讲，类能够将相关信息、操作、行为存储到单个容器中，类之间甚至可以相互通信。
- 从技术上讲，类是数据结构，其中包含了变量、方法和其他编程信息。创建完类的对象后，就可以引用类中的信息。
- 实际上，类就是蓝图。类为创建对象制定了规则。

2.3.1 一直在使用类

在学习 C#中的类之前，你应该知道本章其实一直都在使用类。默认情况下，Unity 创建的每个脚本都是类，这可以从脚本中的 class 关键字看出。

```
public class LearningCurve: MonoBehaviour
```

MonoBehaviour 用于将类附加到 Unity 场景中的游戏对象上。C#中的类是可以单独存在的，第 5 章将会介绍相关内容。

注意：

对于 Unity 资源来说，有时候可以互换使用脚本和类这两个术语。为了保持一致，如果把 C#文件附加到游戏对象上，则称它们为脚本；单独的 C#文件则称为类。

2.3.2 日常蓝图

请思考最后一个示例——邮局。邮局是独立、封闭的环境，既有属性[如物理地址(变量)]，也有执行行为的能力[比如发送票据(方法)]。邮局是拿来诠释类的很好示例，可通过以下代码进行概述：

```
PostOffice
{
    // Variables
    Address = "1234 Letter Opener Dr."
```

```
    // Methods
    DeliverMail()
    SendMail()
}
```

这里得出的主要结论是：当信息和行为遵循预定义的蓝图时，实现复杂的行为和类之间的通信将变得可能。

例如，另一个类想通过 PostOffice 类寄信，不用考虑在哪里执行这一行为，而是可以简单地从 PostOffice 类调用 SendMail 方法，如下所示：

```
PostOffice.SendMail()
```

或者查找邮局的地址，如下所示：

```
PostOffice.Address
```

注意：

如果对单词之间句点(称为点符号)的使用感到疑惑，我们将在本章的最后进行深入讨论，请界时参考解惑。

我们的基本编程工具包现在已经完成(至少是理论部分)。

2.4　注释是关键

你可能注意到了，LearningCurve 脚本中有两行代码的开头是反斜杠的灰色文本(第 9 和 17 行)，它们是脚本默认创建的注释。对于程序员来说，注释是一种简单却非常强大的工具。

在 C#中，创建注释的方法有好几种，Visual Studio(和其他代码编辑器)则通常使用内置的快捷键让注释的创建变得更加简单。

注意：

一些专业人士不认为注释是必要的编程构成要素，但本书认为：使用有意义的信息正确注释代码是新手应该具备的最基本的编程习惯。

实用的反斜杠

LearningCurve 脚本中的注释是单行注释。Visual Studio 会忽略任何以两个反斜杠(没有空格)开始的代码行：

```
// This is a single-line comment
```

没错，单行注释只能应用于一行代码。如果想要注释多行，则需要使用反斜杠加星号作为注释文本的开始和结束标记：

```
/* this is a
      multi-line comment */
```

提示：

也可通过高亮代码块并使用 Command + ? 快捷键来进行注释和取消注释。

实践——添加注释

Visual Studio 提供了便利的自动注释功能。在任何代码行(变量、方法、类等)的上方键入三个反斜杠，一种<summary>标签形式的摘要注释就出现了。例如，打开 LearningCurve.cs 文件并在 AddNumbers 方法的上方添加三个反斜杠，结果如图 2-8 所示。

```
19    /// <summary>
20    /// Adds the numbers.
21    /// </summary>
22    void AddNumbers()
23    {
24        Debug.Log(firstNumber + secondNumber);
25    }
```

图 2-8　为 AddNumbers 方法添加注释

刚刚发生了什么

可以看到 Visual Studio 自动添加了三行注释，其中包含由 Visual Studio 根据方法名称生成的方法描述，这些注释夹在两个<summary>标签之间。可以像文本文档那样通过按 Enter 键来改变文本或添加新行，但请确保不要触碰标签。

2.5 将脚本附加到游戏对象上

本章介绍了编程的构成要素，在结束本章之前，下面做一些 Unity 特定的整理工作。具体来说，我们需要了解 Unity 如何处理附加到游戏对象上的 C#脚本。比如，如何处理附加到 Main Camera 上的 LearningCurve 脚本。

2.5.1 脚本成为组件

所有 GameObject 组件都是脚本，而无论它们是由谁编写的。Unity 特定的组件(如 Transform 组件)以及它们各自的脚本是不允许我们进行编辑的。

一旦将创建的脚本拖放到游戏对象上，脚本就变成游戏对象的另一个组件，这就是脚本会出现在 Inspector 面板中的原因。对于 Unity 而言，脚本可以像其他组件一样工作，组件的下方带有可随时更改的公共变量。即使不允许我们编辑 Unity 提供的组件，我们也可以访问它们的属性和方法，从而使它们成为强大的开发工具。

注意：

当脚本成为组件时，Unity 还会自动进行一些可读性调整。你可能已经注意到，当把 LearningCurve 脚本附加到 Main Camera 上时，Unity 会把 LearningCurve 脚本中的 firstNumber 显示为 First Number。

变量和 Inspector 面板

前面的实践部分展示了如何在 Inspector 面板中更改变量，但重点是为了更深入地了解变量是如何工作的。当修改变量的值时，存在如下两种模式：

- Play 模式
- 开发模式

在 Play 模式下，所有的更改将马上生效，这对于测试和微调游戏很有用。但需要注意的是，当停止游戏并返回开发模式时，Play 模式下的所有更改都会丢失。

在开发模式下，Unity 会保存变量的所有更改。这意味着如果重启 Unity，那么之前的更改仍会保留。

注意：

在 Inspector 面板中，我们对变量值所做的更改不会同步更新到脚本中。更改脚本中的这些变量的唯一方法就是在 Visual Studio 中编辑它们各自的值。Inspector 面板中显示的值会覆盖脚本中分配的值。

如果需要撤销在 Inspector 面板中所做的任何更改，可以把脚本重置为默认值(有时称为初始值)。单击组件最右边的齿轮图标，从弹出菜单中选择 Reset 即可，如图 2-9 所示。

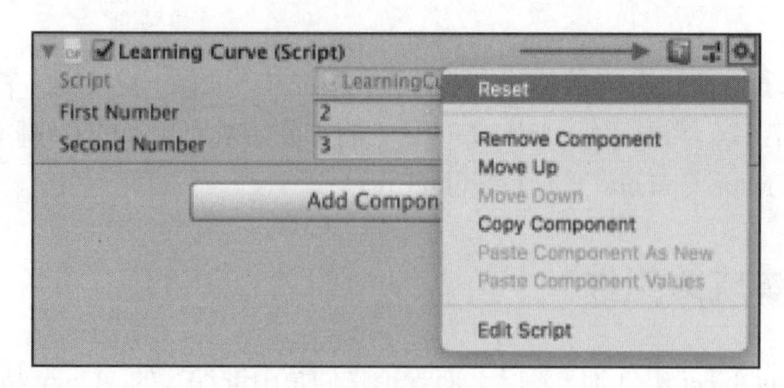

图 2-9　重置脚本

2.5.2　来自 MonoBehaviour 的帮助

C#脚本是类，那么 Unity 如何识别出某个脚本是组件呢？答案很简单，LearningCurve 脚本(以及 Unity 创建的任何脚本)继承自 MonoBehaviour(这是另一个类)，这让 Unity 获知这个 C#类可以转换成组件。

类的继承对于新手来说有点难，这里可以理解为 MonoBehaviour 类将自己的一些变量和方法提供给 LearningCurve。第 5 章将详细介绍类的继承。

我们使用的 Start 和 Update 方法都属于 MonoBehaviour，Unity 将在任何附加到游戏对象的脚本中自动运行它们。Start 方法会在场景开始时运行一次，而 Update 方法每帧运行一次(取决于计算机的帧率)。

试验——脚本 API 中的 MonoBehaviour

现在是时候使用 Unity 文档了，除此之外，难道还能通过什么更好的方法来查找一些 MonoBehaviour 常用方法吗？

- 为了更好地了解它们在 Unity 中做什么以及什么时候做，可尝试在脚本 API 中搜索 Start 和 Update 方法。
- 如果愿意，可以查看手册中的 MonoBehaviour 类以获得更详细的解释。

2.6　类与组件通信

到目前为止，我们把类乃至 Unity 组件描述为独立的实体；事实上，它们之间确实有着紧密的联系。没有类之间的某种交互和通信，就很难创建任何有意义的应用程序。

输入点符号

是否还记得前面的邮局示例？当时，示例代码使用句点来引用类、变量和方法。如果把类当作信息目录，那么点符号相当于索引工具：

```
PostOffice.Address
```

类中的任何变量、方法或其他数据类型都可以使用点符号进行访问。这也适用于嵌套类，我们将在第 5 章介绍这些主题。

点符号也能够驱动类之间的通信。当一个类需要另一个类的信息或者执行后者的方法时，就可以使用点符号：

```
PostOffice.DeliverMail()
```

注意：
点符号有时称为点运算符。因此，如果你在文档中看到这样的描述，请不要感到困惑。

2.7　小测验——C#的构成要素

1. 变量的主要目的是什么？
2. 方法在脚本中扮演什么角色?
3. 脚本如何成为组件?
4. 点符号的目的是什么?

2.8　本章小结

在本章中，我们了解了变量、方法和类等基本概念，从而为后面的学习打下了坚实的基础。请记住，这些构建要素在现实世界中具有非常真实的对等物。使用变量存储值就像使用邮箱保存信件，使用方法保存指令就像为食谱预备材料，类就像真实的蓝图一样。想让房子坚固结实，屹立不倒，就需要经过深思熟虑的设计。

本书的剩余部分将从零开始深入介绍 C#语法。第 3 章将更详细地介绍如何创建变量、管理值的类型以及使用简单或复杂的方法。

第3章

深入研究变量、类型和方法

刚开始学习任何编程语言时都会存在一些断断续续的困扰——虽然理解单词，但不理解单词背后的意思或上下文。通常，这会自相矛盾。

C#代码是使用英文编写的。人们日常使用的单词和 Visual Studio 中的代码之间的差异在于缺少上下文，所以需要重新学习。你虽然知道如何拼写单词，但你不知道它们如何构成 C#语言的语法。

本章不再讨论编程理论，而是开始真正编写代码。有很多地方需要介绍，但在完成最后一次测验以后，你应该熟悉以下高级话题：

- 编写正确的 C#代码
- 简单的调试技术
- 声明变量
- 常见的 C#类型
- 访问修饰符
- 使用运算符
- 使用方法

3.1 编写正确的 C#代码

代码行的功能类似于句子，这意味着它们需要具有某种分隔或结束字符。在 C#

中，所有被称为语句的代码行都以分号结尾，分号用于将语句分开，以便代码编辑器进行处理。

与通常情况下的书面文字不同，C#语句从技术上讲不必位于一行。代码编辑器会忽略空格和换行符。例如，一个简单的变量可以有不同的写法。可以按如下方式进行编写：

```
public int firstName = "Bilbo";
```

也可以这样编写：

```
public
int
firstName
=
"Bilbo";
```

以上两种写法 Visual Studio 都可以接受，但是强烈建议不要使用第二种写法，因为这会使代码极难阅读。

提示：

有时，语句会因为太长而不能合理地放在一行，但这种情况很少。你要确保语句的格式能够被他人理解，并且不要忘记使用分号。

方法或类后面的花括号的标准格式是在新的一行包含每条语句，如下所示：

```
public void MethodName()
{

}
```

但在创建新脚本或者在线访问 Unity 文档时，你会看到第一个花括号与声明位于同一行：

```
public void MethodName() {

}
```

虽然这并不是什么让人抓狂的事情，但尽早理解这些细微差别是很重要的。选择权取决于你，重要的是要保持一致。

3.2 简单的调试技术

在处理实际问题时，我们需要一种方式来把信息和反馈打印到控制台。为此，人们引入了调试的概念，C#和 Unity 提供了简化调试过程的辅助方法。每当需要调试或打印一些信息时，请使用以下方法：

- 对于简单的文本或单个变量，请使用 Debug.Log()方法。文本必须在括号内，并且变量可以直接使用而无须添加字符：

```
Debug.Log("Text goes here.");
Debug.Log(yourVariable);
```

- 对于更复杂的调试，可以使用 Debug.LogFormat()方法。通过使用一对用花括号标识的占位符，可以在打印文本中放置变量。每组花括号都包含一个从 0 开始的索引，对应于一个顺序变量。

在下面的示例中，{0}占位符被替换为变量 variable1 的值，{1}占位符被替换为变量 variable2 的值，以此类推：

```
Debug.LogFormat("Text goes here, add {0} and {1} as variable
placeholders",variable1, variable2);
```

3.3 变量的语法

我们已经看到变量是如何创建的，并且涉足变量提供的一些高级功能，但我们仍然缺少使这一切成为可能的语法。变量不仅仅出现在 C#脚本的顶部，它们还必须根据特定的规则和要求进行声明。变量需要满足以下基本要求：

- 需要指定变量存储的数据类型。
- 变量必须具有唯一的名称。
- 为变量指定的值必须匹配指定的类型。
- 变量的声明必须以分号结尾。

以下语法能够满足上述基本要求：

```
dataType uniqueName = value;
```

注意：

变量需要唯一的名称，以免与 C#中定义的关键字发生冲突。你可以访问 https://docs.microsoft.com/en-us/dotnet/csharp/language-reference/keywords/index，从而得到受保护的 C#关键字的完整列表。

以上方式简单、整洁、有效。但如果变量只有这一种创建方式，那么从长远看，这不利于 C#语言的发展。复杂的应用程序和游戏都有不同的用例和场景，所有这些都需要使用独特的 C#语法。

3.3.1 声明类型和值

创建变量的最常见场景就是拥有所有可用数据时。例如，如果我们知道玩家的年龄，存储起来就很简单，如下所示：

```
int currentAge = 32;
```

以上语句能够满足变量的所有基本要求：

- 指定了数据类型 int。
- 使用了唯一的名称 currentAge。
- 32 是整数，与指定的数据类型匹配。
- 语句以分号结尾。

3.3.2 仅声明类型

考虑另一种场景：知道变量存储的数据类型和名称，但不知道值。值将在其他地方计算和分配，但仍然需要在脚本的顶部声明变量。

对于这种情况，可以仅声明类型，如下所示：

```
int currentAge;
```

以上语句只定义了类型 int 和唯一的名称 currentAge，但由于能够满足变量的所有基本要求，因此仍然有效。如果没有赋值，那么默认会根据变量的类型来赋值。在这种情况下，currentAge 默认为 0 以匹配 int 类型。当实际值可用时，就可以在单独的语句中轻松进行设置：

```
currentAge = 32;
```

3.4 访问修饰符

既然基本语法不再是个谜，现在让我们深入了解变量语句的细节。由于我们习惯从左向右阅读代码，因此从一个我们还没有讨论过的主题开始对变量进行深入研究是有意义的：访问修饰符。

快速回顾一下我们在 LearningCurve 脚本中使用的变量，你会发现语句的前面都有额外的关键字 public。public 就是变量的访问修饰符。可以将其视为安全设置，用于确定哪些对象可以访问变量的信息。

注意：

任何未标记为 public 的变量都不会显示在 Unity 的 Inspector 面板中。

如果加上访问修饰符，那么更新后的语法如下所示：

```
accessModifier dataType uniqueName = value;
```

尽管使用访问修饰符对于声明变量来说不是必要的，但对于新手来说，这是个好习惯。

访问修饰符对于提高代码的可读性和专业性大有帮助。

选择安全级别

C#有四个访问修饰符，但是作为初学者，最常用的是如下两个。

- public：对任何脚本开放，不受限制。
- private：变量仅在创建它们的类(称为所属类)中可用。没有使用访问修饰符声明的任何变量默认都是私有的。

另外两个访问修饰符如下。

- protected：变量在所属类或派生类中可以访问。
- internal：仅在当前程序集中可用。

每个访问修饰符都有特定的用例，但是在继续学习之前，我们不用担心 protected 和 internal。

注意：

C#中还有两个组合的访问修饰符，但我们不会在本书中使用到它们。你可以访问 https://docs.microsoft.com/en-us/dotnet/csharp/language-reference/keywords/access-modifiers，进而找到关于它们的更多信息。

实践——使变量私有

就像现实生活中的信息一样，有些数据需要进行保护或与特定的人共享。一个变量如果不需要在 Inspector 面板中进行更改或从其他脚本进行访问，那么最好使用 private 访问修饰符进行声明。

下面执行以下步骤，更新 LearningCurve 脚本：

(1) 把 firstNumber 前面的访问修饰符从 public 改为 private，然后保存文件。

(2) 返回 Unity，选择 Main Camera，看看 Learning Curve 部分有什么变化。

刚刚发生了什么

firstNumber 现在由于是私有的，因此在 Inspector 面板中不可见，并且只能在 Learning Curve 中进行访问，如图 3-1 所示。如果单击 Play 按钮，那么脚本仍将像以前那样正常工作。

图 3-1　Inspector 面板中显示的变量

3.5 使用类型

为变量分配特定类型是一项重要决定，这会深入影响变量涉及的每个交互。C#是一种强类型或类型安全的语言，这意味着每个变量都有数据类型，同时还意味着当执行运算或者将给定的变量转换为另一种类型时，存在特定的规则必须遵循。

3.5.1 通用内置类型

C#中的所有数据类型都派生自同一个祖先 System.Object。这种称为通用类型系统(Common Type System，CTS)的层次结构意味着不同类型有很多功能能够共享。图 3-2 列出了一些最常见的数据类型以及它们所能够存储的值。

数据类型	变量的内容
int	整数，比如数字 3
float	浮点数，比如 3.14
string	字符串，比如"watch me go now"
bool	布尔值，只能是 true 或 false

图 3-2 常见的数据类型以及它们所能够存储的值

除了指定变量可以存储的值的类型之外，还可以指定有关变量自身的附加信息，比如：

- 所需的存储空间。
- 最小值和最大值。
- 允许执行的运算。
- 在内存中的位置。
- 访问方法。
- 基本(派生)类型。

使用 C#提供的所有类型是使用文档而非依靠记忆的完美示例。很快，即使使用最复杂的自定义类型，你也会感觉像是第二天性。

注意：

可以访问 https://docs.microsoft.com/en-us/dotnet/csharp/programming-guide/types/index，从而找到所有 C#内置类型的完整列表和它们的规范。

1. 实践——处理不同的类型

下面继续，打开 LearningCurve 脚本，在图 3-3 所示的通用内置类型部分为图 3-2 中的每一种类型添加一个新的变量。选择名称和值，确保它们被标记为 public，这样才可以在 Inspector 面板中看到它们。如果需要灵感，请查看图 3-3 中的代码。

```
 5 public class LearningCurve : MonoBehaviour
 6 {
 7     private int firstNumber = 2;
 8     public int secondNumber = 3;
 9     public float pi = 3.14f;
10     public string firstName = "Bilbo";
11     public bool allGood = true;
```

图 3-3 在 LearningCurve 脚本中定义不同类型的变量

注意：
在处理字符串类型时，实际的文本需要放在一对双引号内，而浮点值需要以小写的 f 结尾。

刚刚发生了什么

在 Inspector 面板中，不同的变量类型现在是可见的。留意显示为复选框的布尔变量(true 表示选中，false 表示未选中)，如图 3-4 所示。

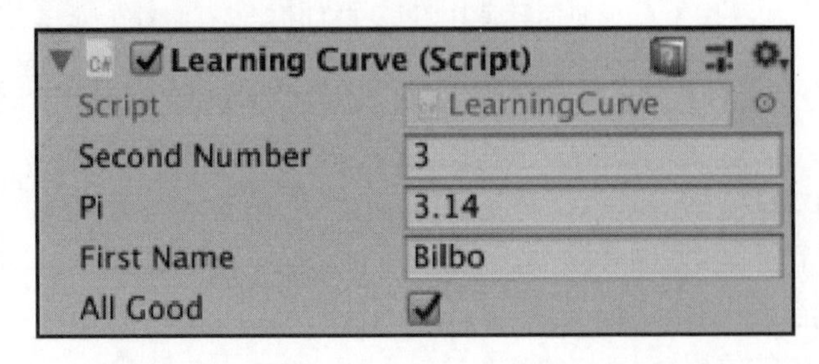

图 3-4　Inspector 面板中显示了不同类型的变量

2. 实践——创建内插字符串

数值类型的行为与数学中的一样，但字符串是另一回事。我们通常以$字符开头，把变量和字面值直接插入文本，这称为字符串插值(string interpolation)。插入的值将被添加到花括号中，就像使用 LogFormat 方法一样。下面让我们在 LearningCurve 脚本中创建一个简单的内插字符串，看看效果。

请打印如图 3-5 所示的 Start 方法中的内插字符串，然后单击 Play 按钮。

```
15      // Use this for initialization
16      void Start()
17      {
18          Debug.Log($"A string can have variables like {firstName} inserted directly!");
19      }
```

图 3-5　Start 方法中的内插字符串

刚刚发生了什么

由于有了花括号，firstName 变量的值得以在内插字符串中打印出来，如图 3-6 所示。也可以使用+运算符创建内插字符串，我们会在后面进行介绍。

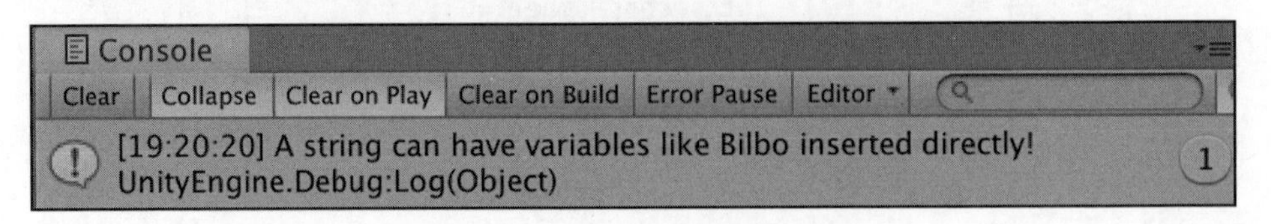

图 3-6　在控制台中输出内插字符串

3.5.2　类型转换

我们已经看到，变量只能保存它们声明的那种类型的值。但某些情况下，我们需要组合或分配不同的变量类型。在编程术语中，这叫作转换，转换主要有两种形式：隐式转换和显式转换。

- 隐式转换会自动发生，通常发生在较小的值适合另一种变量类型且无须四舍五入的情况下。例如，任何整数都可以隐式转换为 double 或 float 类型，而不需要编写额外的代码。

```
float implicitConversion = 3;
```

- 当转换过程中存在丢失变量信息的风险时，需要进行显式转换。例如，如果想把 double 类型的值转换为整数，就必须在想要转换的值之前添加目标类型到圆括号中以显式地进行类型转换。这相当于告诉编译器，我们知道数据(或精度)可能会丢失。在如下显式转换中，3.14 被四舍五入为 3，失去了小数部分。

```
int explicitConversion = (int)3.14;
```

注意：

C#提供了用于把数值转换为通用类型的内置方法，任何类型都可以通过 ToString 方法转换为字符串。另外，Convert 类可以处理更复杂的转换。你可以访问 https://docs.microsoft.com/en-us/dotnet/api/system.convert?view=netframework-4.7.2 页面上的 Method 部分来查看有关这些功能的更多信息。

3.5.3　推断式声明

到目前为止，我们已经学习了类型的交互、操作和转换规则，但是如何处理需要存储未知类型的变量的情况呢？这听起来可能有些让人抓狂，但是想想数据下载场景——我们知道信息会进入游戏，但不知道它们会以什么形式出现。

幸运的是，C#能够从赋值推断出变量的类型。var 关键字使程序知晓 currentAge 变量的类型由值 32 决定：

```
var currentAge = 32;
```

提示：

推断式声明在某些情况下很方便，但不要陷入这种习惯。

3.5.4 自定义类型

当我们讨论数据类型时，很重要的一点就是：要尽早了解数字和单词(又称为字面值)并不是变量可以存储的唯一值。例如，类、结构和枚举都可存储为变量，我们将在第 5 章介绍这些主题，更详细的内容将在第 10 章介绍。

3.5.5 类型综述

类型很复杂，熟悉它们的唯一方法就是使用它们。然而，以下一些重要的原则需要记住：

- 所有变量都需要具有指定的类型(无论是显式的还是推断式的)。
- 变量只能保存指定类型的值(比如，不能将字符串赋值给 int 变量)。
- 每种类型都有一组能用和不能用的运算符(不能用另一个值去减布尔值)。
- 如果一个变量需要用其他类型的变量进行赋值或组合使用的话，那么需要对它们进行转换(隐式转换或显式转换)。
- C#编译器可以使用 var 关键字从变量的值推断出变量的类型，但仅应在变量的类型未知时使用。

3.6 命名变量

我们已经学习了访问修饰符和类型，对变量进行命名似乎是事后才想到的事，但这并不是草率的选择。清晰且一致的命名约定不仅能使代码更具可读性，而且能确保团队中的其他开发人员无须询问就能理解代码编写者的意图。

最佳实践

命名变量的第一条则就是变量名要有意义，其次是要使用驼峰式命名风格。在游戏中，如果声明如下变量来存储玩家的健康状况：

```
public int health = 100;
```

你的脑海中应该会出现一连串的问题。谁的健康状况？存储的是最大值还是最小值？当值发生更改时，其他代码会受到什么影响?这些问题都可以通过使用一个有意义的变量名来轻松地回答。

使用如下方式命名变量可能更合适一些：

```
public int maxCharacterHealth = 100;
```

注意：

请记住，使用驼峰式命名风格的变量名以小写字母开头，然后每个单词的首字母大写。驼峰式命名还明确区分了变量名和类名，后者以大写字母开头。

这样就好多了。稍加思考之后，我们更新了变量名的含义和上下文。由于对变量名的长度没有技术上的限制，你可能发现自己有些过头，写出了可笑的描述性名称，这肯定会给自己带来问题，就像短的非描述性名称一样。

作为一般规则，变量名应具有一定的描述作用——不要太长，也不要太短。找到自己的风格并坚持下去即可。

3.7　变量的作用域

我们即将结束对变量的讨论，但还有一个更重要的主题需要介绍：作用域。类似于访问修饰符确定哪些外部类可以获取变量的信息，变量的作用域用于描述给定变量的可用区域。

C#中的变量有三种级别的作用域，如图 3-7 所示。

- 全局作用域是指变量可以在整个程序中(在本例中是游戏)访问。C#不直接支持全局变量，但这个概念在某些情况下很有用，我们将在第 10 章介绍。
- 类或成员作用域是指变量在所属类的任何位置都能访问。
- 局部作用域是指变量只能在特定代码块内访问。

```
4
5 public class LearningCurve : MonoBehaviour
6 {
7     public string characterClass = "Ranger";        ← 类作用域
8
9     // Use this for initialization
10    void Start ()
11    {
12        int characterHealth = 100;                  ← 局部作用域 1
13        Debug.Log(characterClass + " - HP: " + characterHealth);
14    }
15
16    void CreateCharacter()
17    {
18        int characterName = "Aragorn";              ← 局部作用域 2
19        Debug.Log(characterName + " - " + characterClass);
20    }
21 }
22
```

图 3-7　类的成员变量和局部变量

注意：

我们所说的代码块是指任何一对花括号包含的区域。这些括号在编程中作为一种视觉上的层级结构;右缩进越深，它们在类中的嵌套就越深。

下面我们解释一下图 3-7 中的变量。

- characterClass 变量声明在类的顶部，这意味着我们可以在 LearningCurve 类中的任何位置通过名称对它进行引用。你可能听说过变量的可见性这一概念，这是一种很好的思考方式。
- characterHealth 变量声明在 Start 方法内部，这意味着这个变量仅在 Start 方法内部可见。我们仍然可以在 Start 方法中访问 characterClass 变量，但是，如果尝试从 Start 方法以外的任何位置访问 characterHealth 变量，则会报错。
- characterName 和 characterHealth 变量是一样的，前者只能在 CreateCharacter 方法内部访问。这里只是为了说明类中可以有多个甚至嵌套的局部作用域。

如果经常与程序员打交道，就会听到关于变量的最佳声明位置的讨论或争论。答案比你想象的要简单：声明变量时应牢记其用途。如果有需要在整个类中访问的变量，就将其声明为类变量。如果仅在代码的特定部分需要变量，就将其声明为局部变量。

注意：

请记住，只有类变量可以在 Inspector 面板中查看，局部或全局变量则不能。

3.8 运算符

编程语言中的运算符表示类型可以执行的算术、赋值、关系和逻辑运算等。算术运算符表示基本的数学运算，而赋值运算符则表示对给定的值可以同时执行数学和赋值运算。关系运算符和逻辑运算符用于计算多个值之间的条件，如大于、小于或等于。此时，有必要先介绍算术运算符和赋值运算符，我们会在第 4 章介绍关系运算符和逻辑运算符。

注意：

C#还提供了包括位运算符在内的一些其他运算符，但在顺利地创建更复杂的应用程序之前，我们不会用到它们。

算术和赋值

算术运算符如下：

- +，表示加法。

- -，表示减法。
- /，表示除法。
- *，表示乘法。

C#运算符遵循常规的运算顺序，先计算括号内的值，再进行指数、乘法、除法、加法和减法运算。

例如，以下算式即使包含相同的值和运算符，结果也会有所不同：

```
5 + 4 - 3 / 2 * 1 = 8
5 + (4 - 3)  / 2 * 1 = 5
```

注意：

在运算符的使用上，变量与字面值是完全相同的。

通过把算术和等号结合在一起使用，赋值运算符可用于任何数学运算的简写替换。例如，如果想乘以某个变量，以下两种方式会产生相同的结果。

其中一种方式如下：

```
int currentAge = 32;
currentAge = currentAge * 2;
```

另一种方式如下：

```
int currentAge = 32;
currentAge * = 2;
```

注意：

在 C#中，等号被视为赋值运算符。以下赋值运算符跟之前的示例遵循相同的语法：+=、=和/=分别用于加法赋值、减法赋值、除法赋值。字符串对于运算符来说是一种特殊情况，因为它们可使用加号来拼接文本，如下所示：

```
string fullName = "Joe" + "Smith";
```

提示：

这种方法产生的代码往往十分笨拙，大多数情况下，字符串插值是拼接文本的首选方法。

实践——执行错误的类型操作

我们已经学习了类型的一些规则，用于控制如何进行操作和交互，但还没实践过。

下面尝试把浮点数和布尔值相加，就像我们之前执行的数字运算一样，如图 3-8 所示。

```
13      // Use this for initialization
14      void Start ()
15      {
16          Debug.Log(firstName + allGood);
17      }
```

图 3-8　将浮点数和布尔值相加

刚刚发生了什么

如图 3-9 所示，控制台中会出现一条错误消息，指示我们不能把浮点数和布尔值相加。当看到这种类型的错误时，请返回并检查变量类型是否兼容。

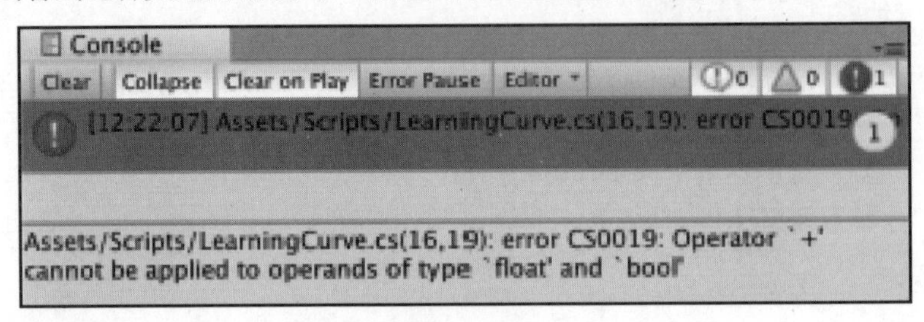

图 3-9　类型错误异常

3.9　小测验——变量和类型

1. 命名 C#变量的正确方法是什么?
2. 如何使一个变量出现在 Unity 的 Inspector 面板中?
3. C#中可用的四个访问修饰符是什么?
4. 什么时候需要在类型之间进行显式转换?

3.10　定义方法

在第 2 章，我们简要介绍了方法在程序中扮演的角色——存储和执行指令，就像变量存储值一样。现在，我们需要理解方法的声明语法，以及它们如何在类中驱动操作和行为。

3.10.1　基本语法

同变量一样，方法的声明也有一些基本要求：

- 需要返回数据类型。
- 必须具有以大写字母开头的唯一名称。
- 方法名的后面需要有一对括号。
- 需要使用一对花括号标记方法体(指令的存储位置)。

把以上所有这些要求放在一起，就可以得到如下简单的方法蓝图：

```
returnType UniqueName()
{
     method body
}
```

下面分析 LearningCurve 脚本中默认的 Start 方法。

- Start 方法以 void 关键字开始，如果方法不返回任何数据，那么可以使用 void 关键字作为返回(数据)类型。
- Start 方法有唯一的名称。
- 名称后有一对括号，用于保存任何可能的参数。
- 方法体由一对花括号定义。

提示：

通常，如果一个方法的方法体是空的，那么从类中删除这个方法是不错的做法。这样可以精简代码。

1. 修饰符和参数

与变量和输入参数一样，方法也有四个可用的访问修饰符。参数是变量占位符，可以传递到方法中并在方法内部访问。输入参数在数量上没有限制，但每个参数都要用逗号进行分隔，并且都有自己的数据类型和唯一的名称。

提示：

可以把方法的参数看作变量占位符，它们的值可以在方法体中使用。

更新后的方法蓝图如下所示：

```
accessModifier returnType UniqueName(parameterType parameterName)
{
    method body
}
```

提示：

如果没有显式的访问修饰符，则方法默认为私有的。与私有变量一样，私有方法不能从其他脚本中调用。

为了调用方法(意味着运行或执行指令)，我们需要输入方法名，后跟一对带或不带参数的括号，并以分号结束：

```
// Without parameters
UniqueName();

// With parameters
UniqueName(parameterVariable);
```

提示：

就像变量一样，每个方法也都有自己的指纹用来描述访问级别、返回类型和参数，这称为方法的签名。本质上，方法的签名是编译器中方法的唯一标记，用于告知 Visual Studio 如何处理方法。

实践——定义一个简单的方法

在第 2 章的一次实践中，我们曾一味地把 AddNumbers 方法复制到 LearningCurve 脚本中，而没有深入了解方法的细节。这一次，我们将有目的地创建方法，如图 3-10 所示。

```
// Use this for initialization
void Start ()
{
    GenerateCharacter();
}

public void GenerateCharacter()
{
    Debug.Log("Character: Spike");
}
```

图 3-10　创建方法

(1) 定义一个 public 方法，返回类型为 void，名称为 GenerateCharacter。

(2) 调用简单的 Debug.Log 方法，打印喜欢的游戏或电影中的角色名。

(3) 在 Start 方法内部调用 GenerateCharacter 方法并单击 Play 按钮。

刚刚发生了什么

当游戏启动时，Unity 会自动调用 Start 方法，而 Start 方法又会调用 GenerateCharacter 方法并打印角色信息到控制台。

注意：

如果阅读了足够多的文档，就会看到有关方法的不同术语。在本书的剩余部分，我们把方法的创建或声明称为定义方法。同样，把运行或执行方法称为调用方法。

2. 命名约定

与变量一样，方法也需要唯一的、有意义的名称以便在代码中区分它们。方法用来驱动操作，所以最好在命名时记住这一点。例如，GenerateCharacter 听起来像是命令，在脚本中调用时也很好理解，而像 Summary 这样的名称就很乏味，因为无法清晰地描绘出方法的作用。

方法名总是以大写字母开头，并且后续任何单词的首字母也需要大写。这种命名风格又称为帕斯卡大小写(PascalCase)。

3. 方法是逻辑的绕行道

我们已经看到，代码行是按照编写的顺序执行的，但是引入方法会带来一种特殊情况。调用方法相当于告诉程序绕道进入方法的指令，逐个运行它们，然后在调用方法的地方按顺序继续执行。

查看图 3-11，看看自己是否能弄清楚调试日志会以什么顺序打印到控制台。

```
13      // Use this for initialization
14      void Start ()
15      {
16          Debug.Log("Choose a character.");
17          GenerateCharacter();
18          Debug.Log("A fine choice.");
19      }
20
21      public void GenerateCharacter()
22      {
23          Debug.Log("Character: Spike");
24      }
```

图 3-11　在 Start 方法中调用 GenerateCharacter 方法

(1) 程序将首先打印“Choose a character.”，因为这是代码的第一行。

(2) 等到调用 GenerateCharacter 方法时，程序跳到第 23 行，打印 Character:Spike，然后回到第 17 行继续执行。

(3) 在 GenerateCharacter 方法的所有代码运行结束后，打印“A fine choice.”。

图 3-12 所示的调试日志可供你参考。

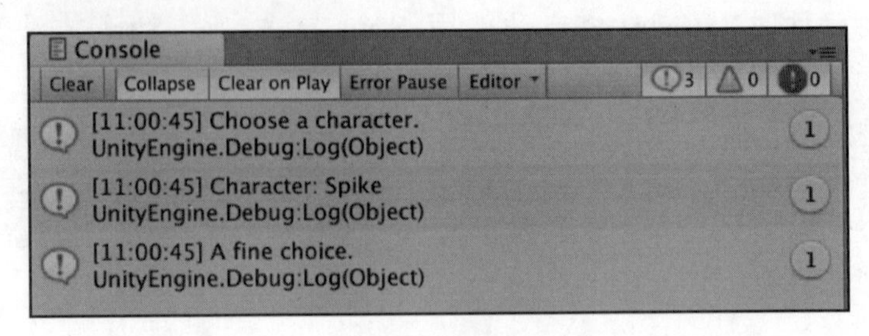

图 3-12　查看日志

3.11　指定参数

所有方法不可能都像 GenerateCharacter 方法那样简单。为了传递额外的信息，我们需要定义方法可以接收和使用的参数。方法的每个参数都是一条指令，需要满足以下要求：

- 拥有显式的类型。
- 拥有唯一的名称。

是不是很熟悉？方法的参数在本质上是经过简化的变量声明，它们执行相同的功能。每个参数的作用类似于局部变量，只能在特定方法的内部访问。

注意：

可以根据需要定义尽可能多的参数。不管编写自定义方法还是使用内置方法，其中定义的参数都是方法执行指定任务所必需的。

实参赋值

如果形参是方法可以接收的值的类型的蓝图，那么实参就是值本身。为了进一步分析，考虑以下情况：

- 传入方法的实参总是需要匹配形参的类型，就像变量的类型与值一样。
- 实参可以是字面值(如数字 2)或在类中其他位置声明的变量。

注意：

实参的名称和形参的名称不需要匹配即可编译。

实践——添加方法参数

下面更改 GenerateCharacter 方法以接收两个参数。

(1) 添加两个参数：一个是用于角色名称的字符串类型，另一个是用于角色等级的整数类型(整型)。

(2) 更改 Debug.Log 以使用新参数。

(3) 使用自己的实参(字面值或声明的变量)更改 Start 方法中的 GenerateCharacter 方法调用，如图 3-13 所示。

```
13      // Use this for initialization
14      void Start ()
15      {
16          int characterLevel = 32;
17          GenerateCharacter("Spike", characterLevel);
18      }
19
20      public void GenerateCharacter(string name, int level)
21      {
22          Debug.LogFormat("Character: {0} - Level: {1}", name, level);
23      }
```

实参

形参

图 3-13　实参和形参

刚刚发生了什么

我们定义了两个参数——name(字符串)和 level(整型)，并在 GenerateCharacter 方法中像局部变量那样使用它们。当我们在 Start 方法中调用 GenerateCharacter 方法时，我们为相应类型的每个形参添加了实参值。在图 3-13 中，在引号中使用字符串与使用 characterLevel 变量可以产生相同的结果，如图 3-14 所示。

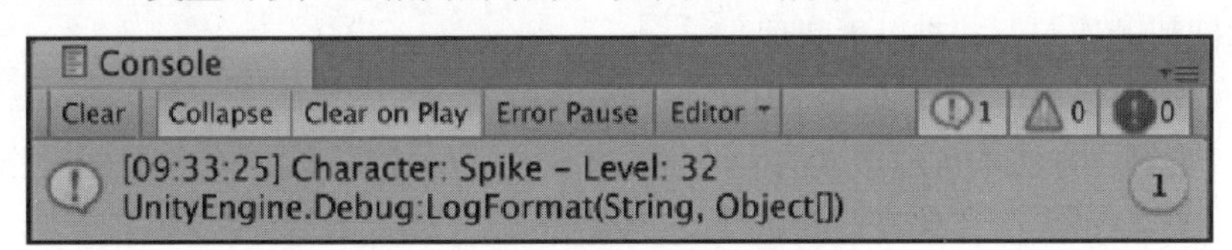

图 3-14　打印方法的参数

3.12　指定返回值

除了接收参数，方法还可以返回任何 C#类型的值。前面的所有示例都使用了 void 类型，这表示不返回任何数据，但方法的真正优点在于能够编写指令并返回计算结果。

根据方法的蓝图，方法的返回类型可在访问修饰符之后指定。除了类型之外，方法还需要包含 return 关键字和返回值。返回值可以是变量、字面值，甚至是表达式，只要与声明的返回类型匹配即可。

提示：

返回类型为 void 的方法仍可以使用不带任何值或赋值表达式的 return 关键字。一旦到达带有 return 关键字的代码行，方法就会停止执行。这在想要避免某些行为或防止程序崩溃的情况下非常有用。

1. 实践——添加返回类型

下面更改 GenerateCharacter 方法以返回整数。

(1) 将方法声明中的返回类型从 void 改为 int。

(2) 使用 return 关键字将返回值设置为 level + 5，如图 3-15 所示。

```
20    public int GenerateCharacter(string name, int level)
21    {
22        Debug.LogFormat("Character: {0} - Level: {1}", name, level);
23        return level + 5;
24    }
```

图 3-15　设置方法的返回值

刚刚发生了什么

现在，GenerateCharacter 方法会返回一个整数，这个整数是通过对 level 参数加 5 计算得到的。我们没有指定如何或是否使用这个返回值，这意味着脚本现在不会做任何新的事情。

2. 使用返回值

返回值的使用方式有以下两种：

- 创建局部变量来存储返回值。
- 将调用方法本身用作返回值，从而像变量那样使用。调用方法是触发指令的实际代码行，比如 GenerateCharacter("Spike",characterLevel)。如果需要，甚至可以将调用方法作为参数传递给另一个方法。

提示：

对于大多数编程人员来说，出于可读性方面的考虑，通常会选择第一种方式。把方法调用作为变量抛出很快会使代码变得混乱，尤其是在其他方法中将它们作为参数时。

3. 实践——捕获返回值

可通过两条简单的调试日志来捕获和使用返回值，如图 3-16 所示。

(1) 创建一个名为 nextSkillLevel 的整型局部变量，并将已经准备好的 GenerateCharacter 方法调用的返回值赋给这个变量。

(2) 添加两条调试日志：第一条输出 nextSkillLevel；第二条输出一个新的调用方法，参数值由你选择。

(3) 用两个反斜杠(//)注释掉 GenerateCharacter 方法中的调试日志，使控制台输出不那么杂乱。

(4) 保存脚本并在 Unity 中单击 Play 按钮。

```
13      // Use this for initialization
14      void Start ()
15      {
16          int characterLevel = 32;
17
18          int nextSkillLevel = GenerateCharacter("Spike", characterLevel);
19          Debug.Log(nextSkillLevel);
20          Debug.Log(GenerateCharacter("Faye", characterLevel));
21      }
22
23      public int GenerateCharacter(string name, int level)
24      {
25          //Debug.LogFormat("Character: {0} - Level: {1}", name, level);
26          return level + 5;
27      }
```

图 3-16　把 GenerateCharacter 方法的返回值赋给 nextSkillLevel 变量

刚刚发生了什么

查看图 3-17，对于编译器来说，nextSkillLevel 变量和 GenerateCharacter 方法调用都表示相同的信息，这就是两条日志均显示数字 37 的原因。

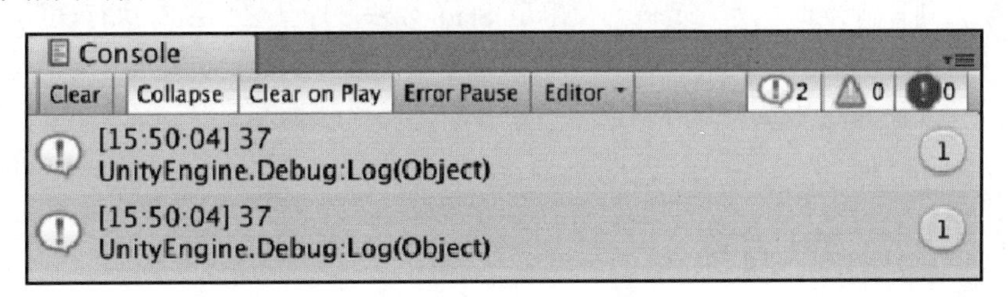

图 3-17　两条日志都显示数字 37

4. 试验——将方法作为参数

可以尝试创建一个接收整型参数并将其简单输出到控制台的新方法，无须返回类型。创建完之后，请在 Start 方法中调用这个方法，并将 GenerateCharacter 方法调用作为参数传递给它，然后查看输出。

3.13 常见的 Unity 方法

现在，我们实际讨论 Unity C#脚本中最常见的两个默认方法：Start 和 Update 方法。与自定义方法不同，Unity 引擎会根据它们各自的规则自动调用属于 MonoBehaviour 类的方法。在大多数情况下，脚本中至少要有一个 MonoBehaviour 方法来启动自己的代码，这很重要。

注意：

可以访问 https://docs.unity3d.com/ScriptReference/MonoBehaviour.html，从而找到所有可用的 MonoBehaviour 方法的完整列表及描述。

3.13.1 Start 方法

Unity 在启用脚本的第一帧调用的就是 Start 方法。MonoBehavior 脚本几乎总是被附加到场景中的游戏对象上，当你单击 Play 按钮时，它们的附加脚本在加载的同时也将被启用。在我们的项目中，LearningCurve 脚本被附加到 Main Camera 游戏对象上，这意味着当 Main Camera 被加载到场景中时，Start 方法就会运行。Start 方法主要用于在 Update 方法运行之前第一次设置变量或者执行需要发生的逻辑。

注意：

到目前为止，所有示例都使用了 Start 方法，即使它们没有执行设置操作，但这通常不是使用 Start 方法的最佳方式。然而，Start 方法只需要触发一次，这使其成为在控制台中显示一次性信息的绝佳工具。

3.13.2 Update 方法

如果有足够多的时间查看参考脚本中的示例代码，就会注意到绝大多数代码是使用 Update 方法执行的。当游戏运行时，场景每秒会刷新很多次，这被称为帧率或每秒传输帧数(Frames Per Second，FPS)。

在显示每一帧之后，Unity 会调用 Update 方法，Update 方法是游戏中执行次数最多的方法之一，这使其非常适合用来检测鼠标和键盘输入或运行游戏逻辑。

如果对计算机的 FPS 感到好奇，请在 Unity 中单击 Play 按钮，然后打开 Game 视图中右上角的 Stats 选项卡，如图 3-18 所示。

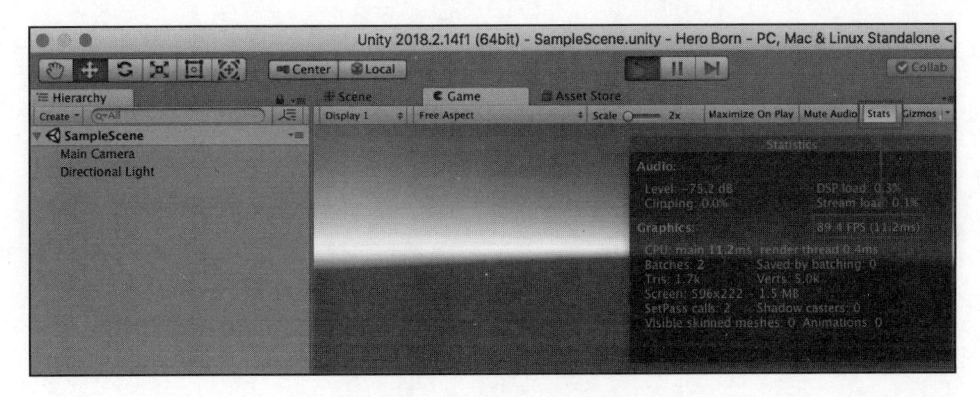

图 3-18　在 Stats 选项卡中查看帧率

3.14　小测验——理解方法

1. 定义方法时的最低要求是什么？
2. 方法名末尾的括号的作用是什么？
3. 在方法的定义中，使用 void 返回类型意味着什么？
4. Unity 多久调用一次 Update 方法？

3.15　本章小结

本章从编程的基本理论及构成要素快速过渡到了实际代码和 C#语法层面。我们已经看到了代码格式的不同写法，学习了如何将信息调试到 Unity 控制台，并创建了第一个变量。对 C#类型、访问修饰符和变量作用域的介绍紧随其后，因为我们需要在 Inspector 面板中使用成员变量并开始涉足方法和操作。

方法有助于我们理解代码中的指令，但更重要的是掌握如何正确地运用它们的功能来实现一些有用的行为。输入参数、返回类型和方法签名都是重要的主题。你已经掌握了编程的两个基本模块，从现在开始，你要做的几乎所有事情就是对这两个基本模块进行扩展或应用。

在第 4 章，我们将介绍一种称为集合的 C#类型的特殊子集，集合可以用于存储一组相关的数据；此外，我们还将介绍如何编写基于决策的代码。

第4章

流程控制与集合类型

计算机所做的主要工作之一就是控制在满足某些条件时可能发生的事。当你双击文件夹时，会希望将它打开；当你使用键盘打字时，会希望显示的文本与按键一致。为应用程序或游戏编写代码时，它们也都需要在一种状态下以某种方式操作，而在条件变化时以另一种方式操作。

用编程术语来讲，这称为流程控制，这很恰当，因为我们实际上就是在不同场景之间控制代码执行的流程。

除了使用控制语句，我们还可以动手实践集合数据类型。集合允许你在单个变量中存储多个值和多组值。这些与你经常遇到的许多流程控制场景密切相关，因此我们很自然地选择将它们放在一起讨论。

本章将专注以下主题：

- 选择语句。
- 使用数组(Array)、字典(Dictionary)和列表(List)。
- 使用 for、foreach 和 do-while 循环进行迭代。
- 使用 break、continue 和 return 关键字执行控制。
- 理解 C#枚举(Enumeration)。

4.1 选择语句

最复杂的编程问题通常可以归结为对游戏或程序进行评估并执行的一系列简单选择。因为 Visual Studio 和 Unity 无法自己做出这些选择，所以这些决定要由我们来做。通过使用 if-else 和 switch 选择语句，我们可以基于一个或多个条件以及每种情况下将要执行的操作来指定分支路径。

传统上，这些条件包括：

- 检测用户输入。
- 计算表达式和布尔逻辑。
- 比较变量或字面值。

4.1.1 if-else 语句

使用 if-else 语句是在代码中进行决策的最常见方式。抛开语法不讲，if-else 语句的基本思想是：如果条件满足，就执行一段代码；如果不满足，就执行另一段代码。可以将这些语句视为以条件为钥匙的门。为了顺利通过，条件必须是有效的；否则拒绝通过，代码将被发送到下一个可能的门。

1. 基本语法

有效的 if-else 语句需要具备以下条件：

- 行首的 if 关键字。
- 用于存储条件的一对括号。
- 用于存储代码块的一对花括号。
- 带有自己的花括号和代码块的 else 关键字(可选)。

语法如下：

```
if(condition is true)
{
   Execute this code block
}
else
{
   Execute this code block
}
```

因为这些都是对逻辑思维的很好介绍，至少在编程中是这样，所以我们将更详细地分析三种不同的 if-else 变体。

1) 如果不关心条件没有满足时会发生什么，那么只使用 if 语句即可。在图 4-1 中，如果 hasDungeonKey 为 true，就输出调试日志；如果为 false，则不执行任何代码。

```
5 public class LearningCurve : MonoBehaviour
6 {
7     public bool hasDungeonKey = true;
8
9     // Use this for initialization
10    void Start()
11    {
12        if(hasDungeonKey)
13        {
14            Debug.Log("You possess the sacred key - enter.");
15        }
16    }
17 }
```

图 4-1　使用 if 语句判断 hasDungeonKey 是否为 true

注意：

当我们提到条件被满足时，指的是计算结果为 true。

2) 在无论条件满足与否都需要采取措施的情况下，可以添加 else 语句。如果 hasDungeonKey 为 false，if 语句将失败，并且控制流将跳至 else 语句，如图 4-2 所示。

```
5 public class LearningCurve : MonoBehaviour
6 {
7     public bool hasDungeonKey = true;
8
9     // Use this for initialization
10    void Start()
11    {
12        if(hasDungeonKey)
13        {
14            Debug.Log("You possess the sacred key - enter.");
15        }
16        else
17        {
18            Debug.Log("You have not proved yourself worthy, warrior.");
19        }
20    }
21 }
```

图 4-2　使用 if-else 语句判断 hasDungeonKey 是否为 true

3) 对于需要两个以上可能结果的情况，可以添加带有括号、条件和花括号的 else-if 语句。这会是最好的展示而不是解释，我们将在后面介绍。

注意：
请记住，if 语句可以单独使用，其他语句则不可以。

实践——小偷的预期

下面编写一条 if-else 语句，用于检查口袋中的金额，并针对三种不同的情况返回不同的调试日志。

(1) 打开 LearningCurve 脚本并添加一个名为 currentGold 的 int 变量，将值设置为一个介于 1 和 100 之间的整数。

(2) 添加 if 语句来检查 currentGold 是否大于 50。如果大于，就向控制台打印一条消息。

(3) 添加 else-if 语句来检查 currentGold 是否小于 15。如果小于，就打印另一条不同的调试日志。

(4) 添加不带任何条件的 else 语句和想要打印的默认日志。

(5) 如图 4-3 所示，保存文件并单击 Play 按钮。

```
5 public class LearningCurve : MonoBehaviour
6 {
7     public int currentGold = 32;
8 
9     // Use this for initialization
10    void Start()
11    {
12        if(currentGold > 50)
13        {
14            Debug.Log("You're rolling in it - beware of pickpockets.");
15        }
16        else if (currentGold < 15)
17        {
18            Debug.Log("Not much there to steal.");
19        }
20        else
21        {
22            Debug.Log("Looks like your purse is in the sweet spot.");
23        }
24    }
25 }
```

图 4-3　判断 currentGold 的大小

这里将 currentGold 设置为 32，我们可以按以下方式分解代码。

- 因为 currentGold 不大于 50，所以跳过 if 语句及其调试日志。
- 因为 currentGold 不小于 15，所以也跳过 else-if 语句及其调试日志。
- 由于之前的条件都不满足，因此执行 else 语句并显示默认日志，如图 4-4 所示。

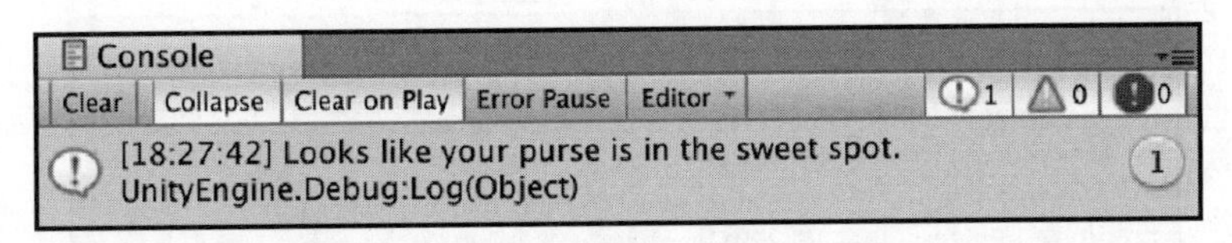

图 4-4　输出默认日志

2. 使用逻辑非运算符

用例并不总是需要检查条件为 true 的情况，而这正是逻辑非运算符出现的原因。逻辑非运算符允许我们检查 if 或 else-if 语句满足条件为 false 时的情况。如前所述，我们可以在 if 条件下检查布尔值、字面值或表达式，所以很自然地，逻辑非运算符必须具有适应性。观察图 4-5 中的两条 if 语句。

```
 5 public class LearningCurve : MonoBehaviour
 6 {
 7     public bool hasDungeonKey = false;
 8     public string weaponType = "Arcane Staff";
 9
10     // Use this for initialization
11     void Start()
12     {
13         if(!hasDungeonKey)
14         {
15             Debug.Log("You may not enter without the sacred key.");
16         }
17
18         if(weaponType != "Longsword")
19         {
20             Debug.Log("You don't appear to have the right type of weapon...");
21         }
22     }
23 }
```

图 4-5　使用逻辑非运算符判断条件不满足时的情况

- 第一条 if 语句可以解释为：如果 hasDungeonKey 为 false，那么 if 语句的值为 true，执行其代码块。

提示：

读者也许会有这样的疑问：false 条件如何能计算为 true？可以这样思考：if 语句不是检查值是否为 true，而是检查表达式本身是否为 true。hasDungeonKey 可能为 false，而这正是我们想要检查的结果，所以 if 条件为 true。

- 第二条 if 语句可以解释为：如果 weaponType 的值不等于字符串"Longsword"，那么执行其代码块。

你可以在图 4-6 中看到调试结果，如果仍然不理解，那么可以复制前面的代码到 LearningCurve 脚本中，运行这些变量，直到它们奏效。

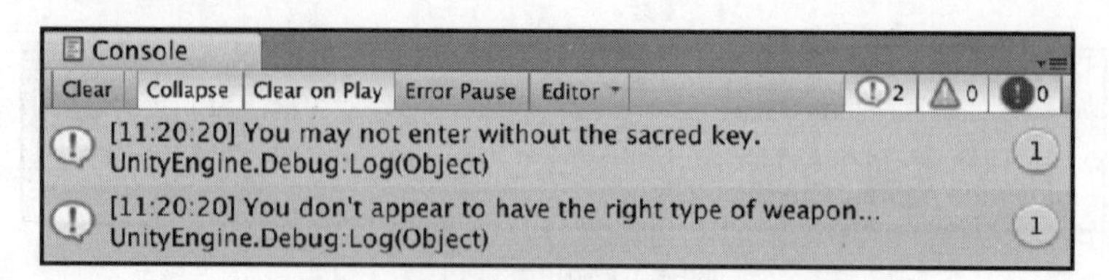

图 4-6　当条件不满足时输出调试日志

3. 嵌套语句

if-else 语句最有价值的功能之一是它们可以相互嵌套，从而创建复杂的逻辑路线。在编程中，我们称之为决策树。就像真实的走廊一样，其他门的后面也可以有门，像是迷宫。

观察图 4-7 中的示例。

- 首先，第一条 if 语句检查 weaponEquipped 是否为 true。这里只关心 weaponEquipped 是否为 true，而不管 weaponType 是什么。
- 接下来，第二条 if 语句检查 weaponType 并打印相关的调试日志。
- 如果第一条 if 语句为 false，那么控制流转到 else 语句并打印相关的调试日志。如果第二条 if 语句为 false，那么因为没有对应的 else 语句，因而不会打印任何内容。

提示：

处理逻辑结果的责任完全由程序员承担，程序员需要自行决定代码执行的分支或结果。

```
 5 public class LearningCurve : MonoBehaviour
 6 {
 7     public bool weaponEquipped = true;
 8     public string weaponType = "Longsword";
 9
10     // Use this for initialization
11     void Start()
12     {
13         if(weaponEquipped)
14         {
15             if(weaponType == "Longsword")
16             {
17                 Debug.Log("For the Queen!");
18             }
19         }
20         else
21         {
22             Debug.Log("Fists aren't going to work against armor...");
23         }
24     }
25 }
```

图 4-7　嵌套的 if-else 语句

4. 计算多个条件

除了嵌套语句，还可以使用 AND 和 OR 逻辑运算符将多个条件检查组合到单个

if 或 else if 语句中：

- AND 逻辑运算符使用&&表示。使用 AND 逻辑运算符意味着只有当 if 语句的所有条件都为 true 时，if 语句的值才为 true。
- OR 逻辑运算符使用||表示。使用 OR 逻辑运算符意味着只要 if 语句有一个条件为 true，if 语句的值就为 true。

在图 4-8 中，if 语句已更新为检查 weaponEquipped 和 weaponType，只有当它们两者都为 true 时才执行代码块。

```
13        if(weaponEquipped && weaponType == "Longsword")
14        {
15            Debug.Log("For the Queen!");
16        }
```

图 4-8　组合判断多个条件

注意：

可以将 AND 和 OR 逻辑运算符组合起来以检查任何顺序或数量的多个条件。但在使用时一定要小心，不要创建永远不会执行的逻辑条件。

实践——到达宝藏

下面进一步巩固所学知识。

(1) 在 LearningCurve 脚本的顶部声明三个变量：pureOfHeart 是布尔值，应该为 true；hasSecretIncantation 还是布尔值，应该为 false；rareItem 是字符串，值取决于你。

(2) 创建一个名为 OpenTreasureChamber 的没有返回值的 public 方法，并在 Start 方法中调用。

(3) 在 OpenTreasureChamber 方法中声明 if-else 语句来检查 pureOfHeart 是否为 true，并检查 rareItem 是否和赋予的字符串匹配。

(4) 在第一条 if 语句中创建嵌套的 if-else 语句，检查 hasSecretIncantation 是否为 false。

(5) 为每个 if-else 语句添加调试日志，保存后单击 Play 按钮，如图 4-9 所示。

刚刚发生了什么

把变量的值匹配到图 4-9 中，将会打印嵌套的 if 语句的调试日志，如图 4-10 所示。这意味着代码通过第一条 if 语句中的两个条件，但第二条 if 语句中的条件没有通过。

```
5 public class LearningCurve : MonoBehaviour
6 {
7     public bool pureOfHeart = true;
8     public bool hasSecretIncantation = false;
9     public string rareItem = "Relic Stone";
10
11    // Use this for initialization
12    void Start()
13    {
14        OpenTreasureChamber();
15    }
16
17    public void OpenTreasureChamber()
18    {
19        if (pureOfHeart && rareItem == "Relic Stone")
20        {
21            if(!hasSecretIncantation)
22            {
23                Debug.Log("You have the spirit, but not the knowledge.");
24            }
25            else
26            {
27                Debug.Log("The treasure is yours, worthy hero!");
28            }
29        }
30        else
31        {
32            Debug.Log("Come back when you have what it takes.");
33        }
34    }
35 }
```

图 4-9　为 if-else 语句中的各种情况添加调试日志

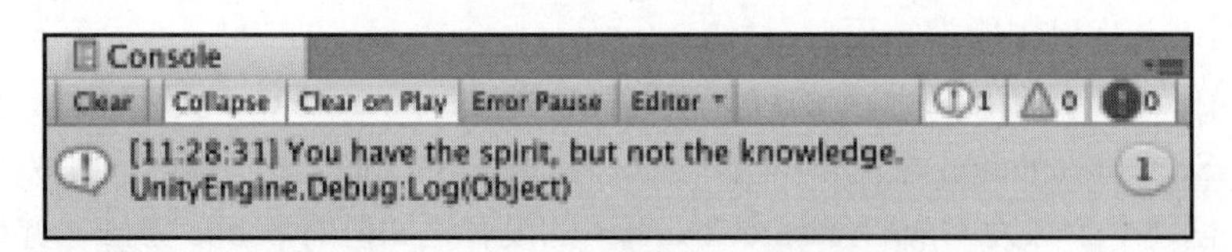

图 4-10　进行条件匹配并打印相应的调试日志

4.1.2　switch 语句

嵌套过多的代码最终将难以理解，且很难修改。switch 语句能让我们为每种可能的结果编写代码，但格式相比 if-else 语句更为简洁。

1. 基本语法

switch 语句需要具备以下条件。

- switch 关键字，后跟随一对用来放置条件的括号。
- 一对花括号。
- 以冒号结尾的每种可能情况的 case 子句。
  - ♦ 单独的代码行或方法，后跟 break 关键字和分号。
- 默认的 default 子句以冒号结尾。

◆ 单独的代码行或方法，后跟 break 关键字和分号。

以蓝图的形式看起来语法如下：

```
switch(matchExpression)
{
    case matchValue1:
        Executing code block
        break;
    case matchValue2:
        Executing code block
        break;
    default:
        Executing code block
        break;
}
```

在 case 子句中，冒号和 break 关键字之间的任何内容都类似于 if-else 语句中的代码块。

break 关键字用于告诉程序在选定的条件触发后完全退出 switch 语句。

2. 模式匹配

在 switch 语句中，模式匹配是 case 子句用来验证匹配表达式的方式。匹配表达式可以是不为 null 的任何类型。所有 case 子句的值都要对应匹配表达式的类型。例如，对于计算整型数的 switch 语句，每个 case 子句都需要指定一个整数来进行检查。与匹配表达式匹配的 case 子句会被执行。如果没有匹配的 case 子句，则执行 default 子句。

实践——选择动作

这里包含大量新的语法和信息，但 switch 语句有助于观察实际操作。下面让我们为游戏角色可以采取的不同操作创建一条简单的 switch 语句。

(1) 创建一个名为 characterAction 的字符串类型的成员变量或局部变量，设置为 "Attack"。

(2) 声明一条 switch 语句，使用 characterAction 作为匹配表达式。

(3) 创建两个 case 子句以打印不同的调试日志，并且不要忘记在每个 case 子句的末尾添加 break 关键字。

(4) 添加带有调试日志的 default 子句和 break 关键字。

(5) 保存脚本并在 Unity 单击 Play 按钮，如图 4-11 所示。

```
 5 public class LearningCurve : MonoBehaviour
 6 {
 7     // Use this for initialization
 8     void Start()
 9     {
10         string characterAction = "Attack";
11
12         switch(characterAction)
13         {
14             case "Heal":
15                 Debug.Log("Potion sent.");
16                 break;
17             case "Attack":
18                 Debug.Log("To arms!");
19                 break;
20             default:
21                 Debug.Log("Shields up.");
22                 break;
23         }
24     }
25 }
```

图 4-11　使用 switch 语句

刚刚发生了什么

由于 characterAction 被设置为"Attack"，因此 switch 语句执行第二个 case 子句并打印相应的调试日志，如图 4-12 所示。更改 characterAction 为"Heal"或其他尚未定义的动作，以看到第一个 case 子句和 default 子句的执行情况。

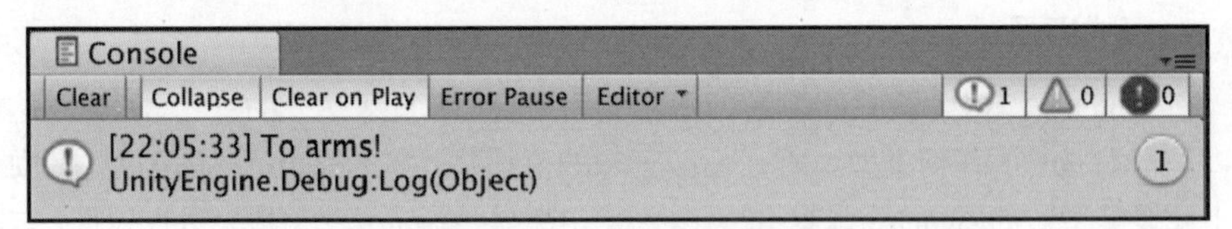

图 4-12　打印匹配表达式等于"Attack"时对应的调试日志

3. fall-through

switch 语句能够在多种情况下执行相同的操作，类似于我们在一条 if 语句中指定多个条件。这种情况被称为 fall-through。如果 case 子句没有代码块和 break 关键字，那么控制流将直接进入下一个 case 子句。

提示：

case 和 default 子句可以任何顺序编写，因此 fall-through 可以极大地提高代码的可读性和执行效率。

实践——掷骰子

下面使用 switch 语句和 fall-through 来模拟掷骰子游戏。

(1) 创建一个名为 diceRoll 的 int 变量，赋值为 7。

(2) 声明 switch 语句并使用 diceRoll 作为匹配表达式。

(3) 为掷骰添加 3 种可能的情况。

(4) 当匹配表达式为 15 和 20 时，有相应的调试日志和 break 关键字；为 7 时则直接进入掷骰结果为 15 的 case 子句。

(5) 保存脚本并在 Unity 单击 Play 按钮，如图 4-13 所示。

```
7      // Use this for initialization
8      void Start()
9      {
10         int diceRoll = 7;
11
12         switch(diceRoll)
13         {
14             case 7:
15             case 15:
16                 Debug.Log("Mediocre damage, not bad.");
17                 break;
18             case 20:
19                 Debug.Log("Critical hit, the creature goes down!");
20                 break;
21             default:
22                 Debug.Log("You completely missed and fell on your face.");
23                 break;
24         }
25     }
```

图 4-13　模拟掷骰子游戏

刚刚发生了什么

当把 diceRoll 设置为 7 时，switch 语句会匹配第一个 case 子句，但由于其中没有代码块和 break 关键字，因而进入并执行下一个 case 子句中的代码块，如图 4-14 所示。如果将 diceRoll 更改为 15 或 20，那么控制台将显示对应的调试日志，对于其他任何值，则直接进入 switch 语句末尾的 default 子句。

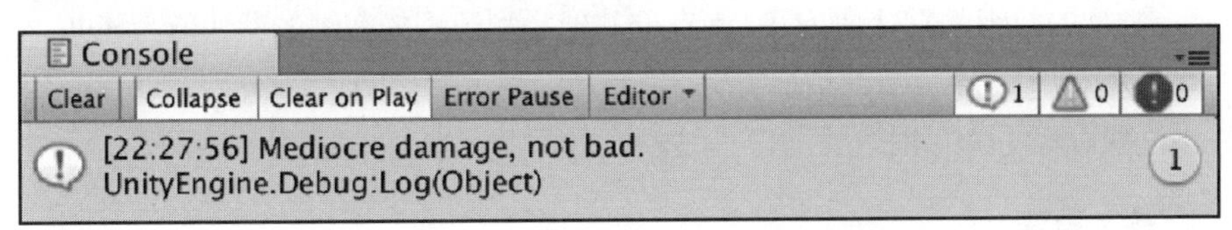

图 4-14　diceRoll 为 7 时的调试日志

提示：

switch 语句功能强大，甚至可以简化复杂的决策逻辑。如果想要深入了解

switch 模式匹配，可访问 https://docs.microsoft.com/en-us/dotnet/csharp/language-reference/keywords/switch。

4.1.3 小测验——if 语句、逻辑非运算符和 AND/OR 逻辑运算符

1. 什么值用于计算 if 语句?

2. 哪个运算符可以把 true 条件变为 false 或把 false 条件变为 true?

3. 如果需要两个条件都为 true 才能执行代码的话，可以使用什么逻辑运算符来添加条件?

4. 如果只需要两个条件中的一个为 true 就能执行代码的话，可以使用什么逻辑运算符来添加条件?

4.2 集合一览

到目前为止，我们只需要使用变量来存储单个值，但很多情况下我们需要存储一组值。此时，集合就派上用场了。C#中的集合类型包括数组(Array)、字典(Dictionary)和列表(List)，它们各有优缺点。

4.2.1 数组

数组是 C#提供的最基本的集合。可以将数组视为一组值的容器，这些值在编程术语中被称为元素，每个值都可以单独访问或修改。

- 数组可以存储任何类型的值，但其中的所有元素都必须是同一类型。
- 数组的长度或元素个数是在创建时设置的，且之后不能再修改。
- 如果在创建时没有分配初始值的话，那么每个元素会使用默认值。存储数字类型的数组的默认值为 0，而存储其他类型数据的数组的默认值为 null。

数组是 C#中最不灵活的集合类型，主要是因为元素在创建后不能添加或删除。不过，当需要存储不太可能改变的信息时，数组特别有用。

1. 基本语法

声明数组类似于声明我们之前使用的其他变量类型，但也有一些差别。

- 数组需要指定的元素类型、一对方括号和唯一的名称。
- new 关键字用于在内存中创建数组，后跟值的类型和另一对方括号。

- 数组将要存储的元素数量则放在第二对方括号中。

以蓝图的形式看起来语法如下：

```
elementType[] name = new elementType[numberOfElements];
```

举个例子，假设我们需要在游戏中存储得分的前三名：

```
int[] topPlayerScores = new int[3];
```

topPlayerScores 是存储了 3 个整型元素的整型数组，由于我们没有添加任何初始值，因此 topPlayerScores 数组中的 3 个元素默认都为 0。

C#为此提供了两种有效的语法：普通语法和速记语法。

```
// Longhand initializer
int[] topPlayerScores = new int[] {713, 549, 984};

// Shortcut initializer
int[] topPlayerScores = { 713, 549, 984 };
```

注意：

使用速记语法初始化数组很常见，但如果想让自己想起细节，请随时使用含义明确的用词。

2. 索引和下标

每个数组元素都按分配的顺序进行存储，这称为索引。数组元素从 0 开始索引，这意味着数组元素的顺序从 0 而不是 1 开始。可以将数组元素的索引看作引用或位置。在 topPlayerScores 数组中，第 1 个整数 452 的索引为 0，第 2 个整数 713 的索引为 1，第 3 个整数 984 的索引为 2，如图 4-15 所示。

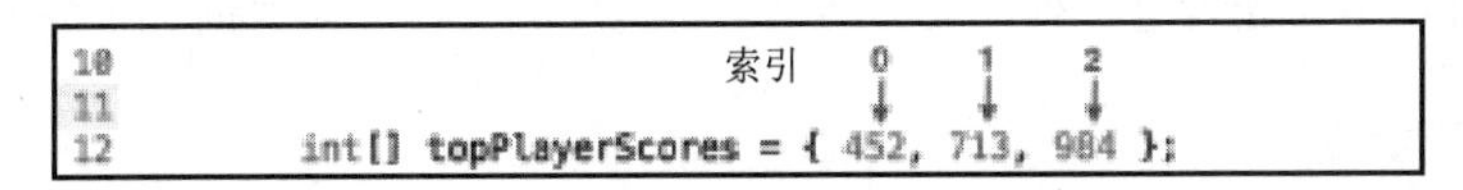

图 4-15　topPlayerScores 数组中的索引

下标运算符是一对包含元素索引的方括号，各个元素可通过使用下标运算符按索引进行定位。例如，为了在 topPlayerScores 数组中检索和存储第 2 个元素，我们将使用数组名后跟方括号和索引 1 的形式：

```
// The value of score is set to 713
int score = topPlayerScores[1];
```

使用下标运算符还可以直接修改数组中的值，就像其他变量一样，甚至可以将自己作为表达式来传递：

```
topPlayerScores[1] = 1001;
Debug.Log(topPlayerScores[1]);
```

topPlayerScores 数组中的值现在是 452、1001 和 984。

3. 范围异常

在创建数组时，元素的数量是固定的，这意味着我们不能访问不存在的元素。

对于 topPlayerScores 数组来说，数组长度为 3，因此有效索引的范围是 0~2。任何大于或等于 3 的索引都将超出数组的索引范围，并在控制台中生成名为 IndexOutOfRangeException 的调试日志，如图 4-16 所示。

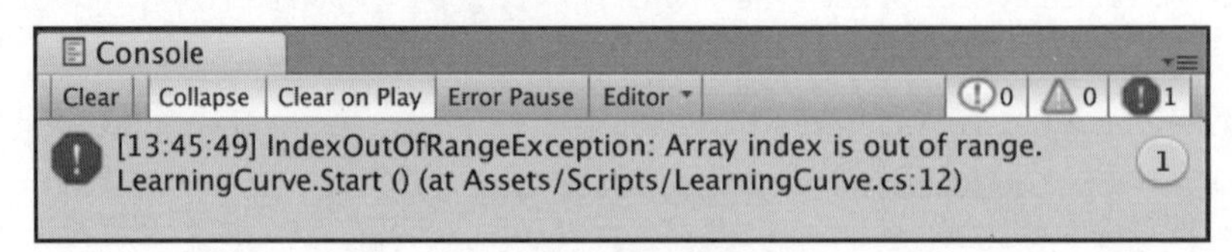

图 4-16　范围异常

注意：
好的编程习惯要求我们通过检查所需值是否在数组索引范围内以避免范围异常，我们将在 4.3 节介绍相关内容。

4.2.2 列表

列表与数组密切相关，列表能将相同类型的多个值收集到单个变量中。但是，在添加、删除和更新元素时，列表要灵活得多，这使列表在大多数情况下成为首选。

1. 基本语法

列表类型的变量需要具备以下条件：

- List 关键字，元素类型定义在后面的一对尖括号中，此外还要有唯一的名称。
- new 关键字，用于初始化内存中的列表以及 List 关键字后面的一对尖括号中的元素类型。
- 以分号结尾的一对括号。

以蓝图的形式看起来语法如下：

```
List<elementType> name = new List<elementType>();
```

注意：
列表的长度总是可以修改的。因此，不需要在创建时就指定列表最终存储的元素数量。

与数组一样，可以在变量的声明中通过在花括号内添加元素值来初始化列表：

```
List<elementType> name = new List<elementType>() { value1, value2 };
```

元素从索引 0 开始按照添加的顺序进行存储，并且可以使用下标运算符进行访问。

实践——派对成员

下面通过在虚构的角色扮演游戏中创建派对成员列表来进行热身练习。

(1) 创建一个名为 questPartyMembers 的字符串类型的列表，并使用三个角色名称进行初始化。

(2) 添加一条调试日志，使用 Count 方法打印出列表中的派对成员数量。

(3) 保存脚本并在 Unity 中单击 Play 按钮，如图 4-17 所示。

```
 7      // Use this for initialization
 8      void Start()
 9      {
10          List<string> questPartyMembers = new List<string>()
11          { "Grim the Barbarian", "Merlin the Wise", "Sterling the Knight"};
12
13          Debug.LogFormat("Party Members: {0}", questPartyMembers.Count);
14      }
15 }
```

图 4-17　使用列表存储派对成员

刚刚发生了什么

我们初始化了一个名为 questPartyMembers 的列表，其中存储了三个字符串，然后使用 Count 方法打印了列表中的元素数量，如图 4-18 所示。

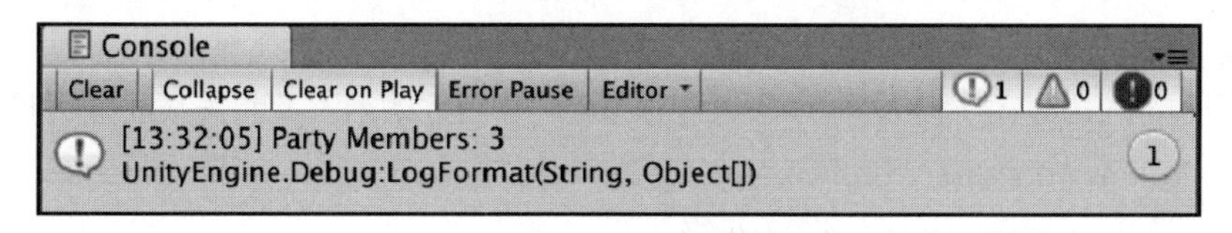

图 4-18　打印派对成员数量

2. 常用方法

只要索引在列表范围内，就可以像数组那样使用下标运算符和索引访问并修改列表元素。但是，List 类提供了多个用来扩展列表功能的方法，从而添加、插入和删除元素。

继续使用 questPartyMembers 列表。下面将一个新的成员添加到这个列表中：

```
questPartyMembers.Add("Craven the Necromancer");
```

Add 方法可以将新元素追加到列表的末尾，这将使 questPartyMembers 列表的长度变为 4，并使元素的顺序变为如下形式：

```
{ "Grim the Barbarian", "Merlin the Wise", "Sterling the Knight", "Craven
the Necromancer"};
```

要在列表中的特定位置添加元素，可以向 Insert 方法传递想要添加的索引和值：

```
questPartyMembers.Insert(1, "Tanis the Thief");
```

当把一个元素插入之前已占用的索引位置时，列表中后方元素的索引都将加 1。在这里，"Tanis the Thief" 的索引现在为 1，这意味着"Merlin the Wise"现在的索引是 2 而不是 1，以此类推：

```
{ "Grim the Barbarian", "Tanis the Thief", "Merlin the Wise", "Sterling
the Knight", "Craven the Necromancer"};
```

删除元素非常简单，只需要提供索引或字面值，List 类即可完成工作：

```
// Both of these methods would remove the required element
questPartyMembers.RemoveAt(0);
questPartyMembers.Remove("Grim the Barbarian");
```

此时，questPartyMembers 列表包含索引为 0~3 的以下元素：

```
{ "Tanis the Thief", "Merlin the Wise", "Sterling the Knight", "Craven
the Necromancer"};
```

注意：
用于检查值的 List 类方法还有很多，完整的方法列表及相关描述可通过网址 https://docs.microsoft.com/en-us/dotnet/api/system.collections.generic.list-1?view=netframework-4.7.2 获得。

4.2.3 字典

与数组和列表相比，字典在每个元素中存储值对而不是单个值。字典中的元素又称为键值对：键充当对应的值的索引。与数组和列表不同，字典是无序的。但是，字典可以在创建后以各种配置进行排序。

1. 基本语法

声明字典和声明列表几乎一样，但是许多细节(比如键和值的类型)需要在尖括号中进行指定：

```
Dictionary<keyType, valueType> name = new Dictionary<keyType,
valueType>();
```

要使用键值对初始化字典，请执行以下操作：

- 在声明的最后使用一对花括号。
- 将每个元素添加到各自的一对花括号中，用逗号分隔键和值。
- 用逗号分隔元素，最后一个元素的逗号是可选的。

```
Dictionary<keyType, valueType> name = new Dictionary<keyType,
valueType>()
{
    {key1, value1},
    {key2, value2}
};
```

选择键值时，每个键必须唯一，并且不能更改。如果需要更新键，请在变量声明中更改对应的值，或者删除后重新添加。

提示：

就像使用数组和列表一样，可以在一行中初始化字典，这在 Visual Studio 中没有问题。但是，与前面的示例一样，在每一行中写出完整的键值对是一种良好习惯，这有利于提高代码的可读性。

实践——建立库存

下面创建字典来存储角色可能携带的物品。

(1) 声明一个名为 itemInventory 的字典，键的类型为 string，值的类型为 int。

(2) 将创建的字典初始化为 new Dictionary<string, int>()，然后添加自己选择的三个键值对，确保每个元素都在自己的花括号中。

(3) 添加调试日志以打印 itemInventory.Count 属性，以便查看存储的物品的数量。

(4) 保存脚本并在 Unity 单击 Play 按钮，如图 4-19 所示。

```
7       // Use this for initialization
8       void Start()
9       {
10          Dictionary<string, int> itemInventory = new Dictionary<string, int>()
11          {
12              { "Potion", 5 },
13              { "Antidote", 7 },
14              { "Aspirin", 1 }
15          };
16
17          Debug.LogFormat("Items: {0}", itemInventory.Count);
18      }
19  }
```

图 4-19　使用字典保存库存

刚刚发生了什么

我们创建了一个名为 itemInventory 的字典，并使用三个键值对进行初始化。我们指定键为字符串类型、对应的值为整型，然后打印 itemInventory 字典中元素的数量，如图 4-20 所示。

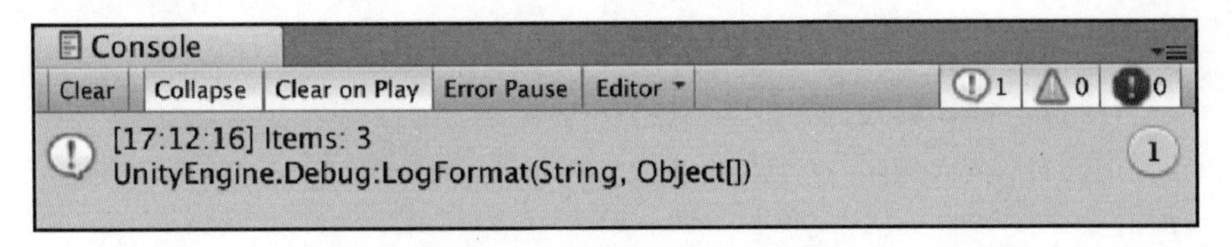

图 4-20　打印存储的物品的数量

2. 使用字典对

可以使用下标和类方法在字典中添加、删除和访问键值对。要检索元素的值，请使用带元素键的下标运算符。如以下代码所示，numberOfPotions 将被赋值为 5：

```
int numberOfPotions = itemInventory["Potion"];
```

元素值可以使用同样的方法进行更改。与"Potion"关联的值现在是 10：

```
itemInventory["Potion"] = 10;
```

元素可以通过两种方式添加到字典中：使用 Add 方法或下标运算符。Add 方法接收键和值，并使用它们创建新的键值对元素，只要类型与字典声明中的一致即可：

```
itemInventory.Add("Throwing Knife", 3);
```

如果使用下标运算符为字典中不存在的键赋值，编译器将自动把它们添加为新的键值对。

例如，如果想添加新的元素"Bandages"，可以使用以下代码：

```
itemInventory["Bandage"] = 5;
```

这就引出如下关于引用键值对的关键问题：最好在尝试访问一个元素之前确定这个元素是否存在，以免错误地添加新的键值对。将 ContainsKey 方法与 if 语句配对是一种简单的解决方案，因为 ContainsKey 方法会根据键是否存在返回一个布尔值。在以下代码中，我们在确保"Aspirin"键存在后才更改对应的值：

```
if(itemInventory.ContainsKey("Aspirin"))
{
    itemInventory["Aspirin"] = 3;
}
```

最后，可以使用 Remove 方法从字典中删除键值对，只需要传入键作为参数即可：

```
itemInventory.Remove("Antidote");
```

注意：

与列表一样，字典也提供了很多方法和功能，从而使开发变得更容易。如果有兴趣，可以通过网址 https://docs.microsoft.com/en-us/dotnet/ api/system.collections.generic.dictionary-2?view=netframework-4.7.2 找到相关文档。

4.2.4　小测验——关于集合的一切

1. 数组或列表中的元素是什么？
2. 数组或列表中第一个元素的索引是什么？
3. 单个数组和列表可以存储不同类型的数据吗？
4. 如何向数组中添加更多元素，从而为更多数据腾出空间?

4.3　迭代语句

我们已经通过下标运算符和集合类型中的方法访问了各个集合元素，但是当需要逐个元素地遍历整个集合时，该怎么办呢?在编程中，这被称为迭代(iteration)。C#提供了几种语句类型，让我们可以遍历集合元素。迭代语句就像方法一样，它们可以存储将要执行的代码块；但与方法不同的是，只要满足条件，它们就可以重复执行代码块。

4.3.1 for 循环

for 循环最常见的应用场景是：在程序继续之前需要执行某个代码块一定的次数。for 循环语句本身包含三个表达式，每个表达式在执行循环之前都要执行特定的任务。因为 for 循环能够追踪正在进行的迭代，所以十分适用于数组和列表。

for 循环语句的蓝图如下：

```
for (initializer; condition; iterator)
{
    code block;
}
```

下面稍作分析：

- 整个结构从 for 关键字开始，后面跟着一对括号。
- 括号内是三个表达式——初始化表达式、条件表达式和迭代表达式。
- 循环从初始化表达式开始，可创建局部变量来追踪循环执行的次数——通常设置为 0，因为集合类型是从 0 开始索引的。
- 接下来检查条件表达式，如果为 true，就进行迭代。
- 迭代表达式用于初始化变量的增减，这意味着下一次循环计算条件表达式时，初始化变量会有所不同。

内容看起来好像很多，所以下面我们看看之前创建的 questPartyMembers 列表示例：

```
List<string> questPartyMembers = new List<string>()
{ "Grim the Barbarian", "Merlin the Wise", "Sterling the Knight"};

for (int i = 0; i < questPartyMembers.Count; i++)
{
    Debug.LogFormat("Index: {0} - {1}", i, questPartyMembers[i]);
}
```

下面看看其中的 for 循环是如何工作的：

- 初始化表达式将名为 i 的局部变量设置为 0。
- 确保只有当 i 小于 questPartyMembers 中元素的数量时，for 循环才会执行。
- for 循环每执行一次就使用++运算符将 i 加 1。

- 在 for 循环内部，我们使用 i 打印出索引和索引处的列表元素。请注意，i 与集合元素的索引将保持一致，因为它们都是从 0 开始的，如图 4-21 所示。

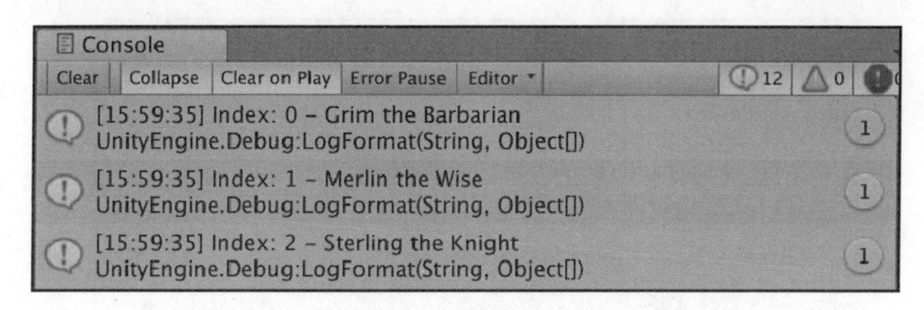

图 4-21　遍历列表元素

传统上，字母 i 通常用于初始化变量的名称。如果碰巧嵌套了 for 循环，那么使用的变量名称将是 j、k、l 等。

实践——查找元素

当遍历 questPartyMembers 时，我们可以看看是否能迭代到某个确定的元素，并为这种情况添加特殊的调试日志。

(1) 在 for 循环的调试日志的下面添加 if 语句。

(2) 在 if 语句中检查当前的 questPartyMembers 元素是否与"Merlin the Wise"匹配。

(3) 如果匹配，就添加一条调试日志，如图 4-22 所示。

```
 5 public class LearningCurve : MonoBehaviour
 6 {
 7     public bool hasDungeonKey = true;
 8 
 9     // Use this for initialization
10     void Start()
11     {
12         if(hasDungeonKey)
13         {
14             Debug.Log("You possess the sacred key - enter.");
15         }
16         else
17         {
18             Debug.Log("You have not proved yourself worthy, warrior.");
19         }
20     }
21 }
```

图 4-22　查找某个派对成员

刚刚发生了什么

控制台输出应该看起来几乎相同，只不过现在有一条额外的调试日志，并且这条日志仅在遍历到"Merlin the Wise"时才打印一次。具体而言，当 i 等于 1，进入第二次循环，因为满足 if 语句中的条件，所以会打印两条调试日志而不是一条，如图 4-23 所示。

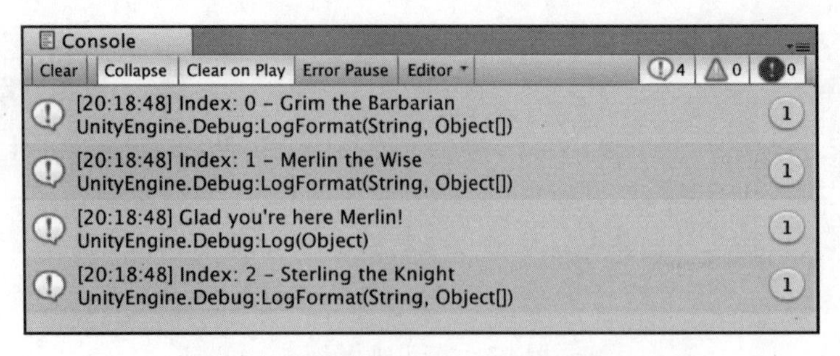

图 4-23　当 i 等于 1 时将打印两条调试日志

4.3.2　foreach 循环

foreach 循环能够获取集合中的每个元素并将其存储到局部变量中，从而可以在语句中访问它们。局部变量的类型必须与集合元素的类型匹配才能正常工作。foreach 循环可以与数组和列表一起使用，但是它们对于字典来说尤为有用，因为它们不是基于数字索引的。

以蓝图的形式看起来语法如下：

```
foreach(elementType localName in collectionVariable)
{
   code block;
}
```

下面继续使用 questPartyMembers 列表示例，对其中的每个派对成员进行点名：

```
List<string> questPartyMembers = new List<string>()
{ "Grim the Barbarian", "Merlin the Wise", "Sterling the Knight"};

foreach(string partyMember in questPartyMembers)
{
   Debug.LogFormat("{0} - Here!", partyMember);
}
```

下面稍作分析：

- 元素类型被声明为字符串，从而能够与 questPartyMembers 列表中的值匹配。
- 创建一个名为 partyMember 的局部变量，用于在每次循环中保存元素。

- in 关键字的后面是想要遍历的集合，在本例中是 questPartyMember 列表。我们得到的控制台输出如图 4-24 所示。

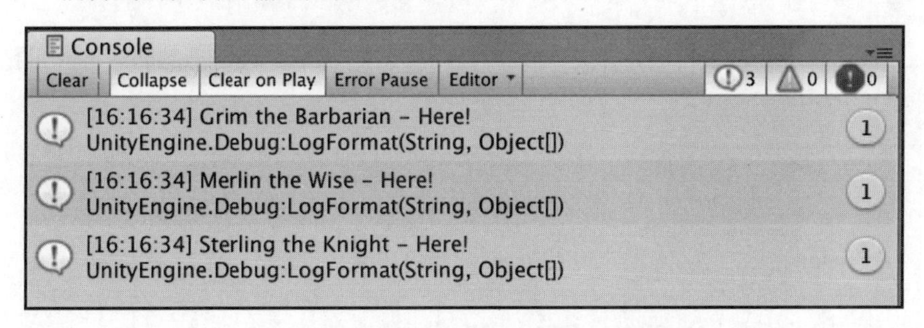

图 4-24　使用 foreach 循环遍历派对成员

这比 for 循环要简单得多，但是在处理字典时，我们需要指出如下重要的区别：如何将键值对作为局部变量处理。

遍历键值对

为了在局部变量中捕获键值对，需要使用 KeyValuePair 类型，同时分配键和值的类型以匹配字典中相应的类型。KeyValuePair 由于能够作为自身的类型，因此可与其他任何元素类型一样充当局部变量。

例如，让我们遍历之前在 4.2.3 节中创建的 itemInventory 字典，并像商品描述一样调试每个键值：

```
Dictionary<string, int> itemInventory = new Dictionary<string, int>()
{
    { "Potion", 5},
    { "Antidote", 7},
    { "Aspirin", 1}
};

foreach(KeyValuePair<string, int> kvp in itemInventory)
{
   Debug.LogFormat("Item: {0} - {1}g", kvp.Key, kvp.Value);
}
```

我们已经指定了命名为 kvp 的 KeyValuePair 局部变量，这个变量的作用类似于 for 循环的初始化表达式中的 i，用于将键和值的类型设置为字符串和整数以匹配 itemInventory。

提示：

要访问局部变量 kvp 的键和值，可以使用 kvp.Key 和 kvp.Value。

在本例中，键是字符串，值是整数，可以将它们打印输出为物品的名称和价格，如图 4-25 所示。

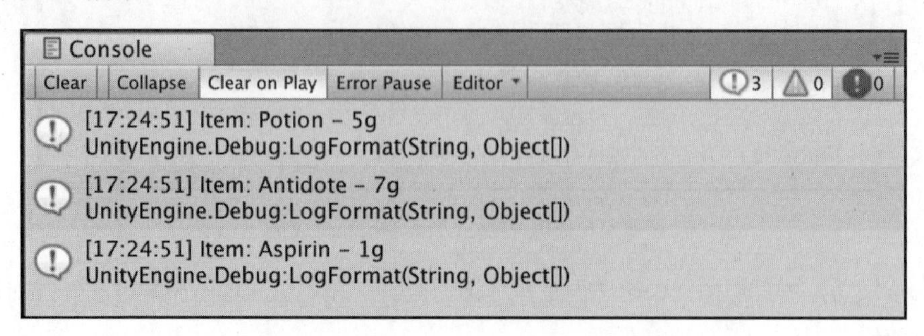

图 4-25　遍历库存并使用键值对访问其中的信息

试验——查找可以购买的物品

创建一个变量来存储角色拥有的金币数量，并查看是否可以在 for 循环内添加 if 语句以检查可以购买的物品(提示：可使用 kvp.Value 对物品的价格与角色拥有的金币数量进行比较)。

4.3.3　while 循环

while 循环与 if 语句的相似之处在于，只要单个表达式或条件为 true，它们就可以运行。值的比较结果和布尔变量可以用作 while 条件，你也可以使用逻辑非运算符修改条件。

while 循环的语法如下：当条件为 true 时，就会一直运行代码块。

```
initializer
while(condition)
{
    code block;
    iterator;
}
```

在 while 循环中，通常需要声明一个初始化变量，就像在 for 循环中一样，然后在代码块的末尾手动对这个初始变量进行增减。根据自身的情况，初始化表达式通常是循环条件的一部分。

实践——追踪玩家是否还活着

在游戏中，假设我们需要在玩家活着时执行代码，并在玩家死亡时输出一些提示信息。

(1) 创建一个 int 类型的名为 playerLives 的初始化变量，赋值为 3。

(2) 声明一个 while 循环，条件是检查 playerLives 是否大于 0(判断玩家是否还活着)。

(3) 在 while 循环中，输出一些信息，从而让我们知道玩家还活着，然后使用--运算符将 playerLives 减 1。

(4) 在 while 循环的后面添加调试日志，从而在玩家死亡时打印一些内容，如图 4-26 所示。

```
 7     // Use this for initialization
 8     void Start()
 9     {
10         int playerLives = 3;
11
12         while(playerLives > 0)
13         {
14             Debug.Log("Still alive!");
15             playerLives--;
16         }
17
18         Debug.Log("Player KO'd...");
19     }
20 }
```

图 4-26　使用 while 循环追踪玩家是否还活着

刚刚发生了什么

playerLives 从 3 开始，因而 while 循环执行了 3 次。循环期间会打印"Still alive!"，并从 playerLives 中减去生命值。当第 4 次运行 while 循环时，因为 playerLives 为 0，所以循环条件不满足，于是代码块被跳过，打印 while 循环后面的调试日志，如图 4-27 所示。

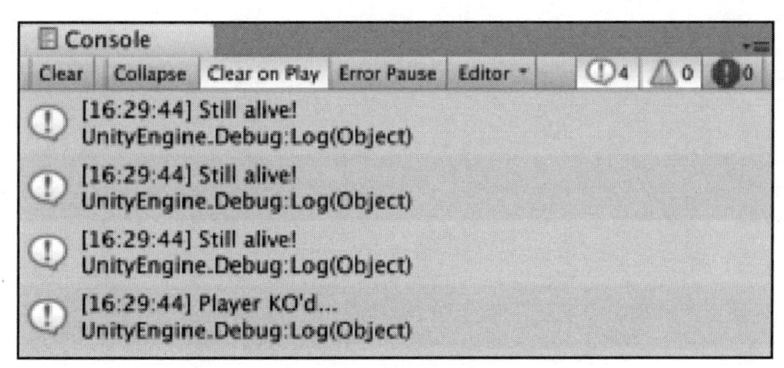

图 4-27　打印的调试日志

4.3.4 超越无限

在结束本章之前，我们需要理解关于迭代语句的一个极其重要的概念：无限循环。顾名思义，无限循环指的就是循环无法停止，因而将在程序中一直运行。

在 for 和 while 循环中，当迭代变量不增加或减少时，通常会发生无限循环。例如，在之前的 while 循环示例中，如果去掉 playerLives 代码行，Unity 就会崩溃，因为 playerLives 始终为 3，循环会永远执行下去。

另外，在 for 循环中，永远不会通过或计算为 false 的设置条件，也可能导致无限循环。在遍历键值对时，如果将 for 循环条件设置为 i≥0 而不是 i < questPartyMembers.Count，那么 i 永远不会小于 0，for 循环会一直运行下去直到 Unity 崩溃。

4.4 本章小结

至此，我们应该反思自己已经完成了多少工作以及利用这些知识可以创建什么。我们已经知道如何使用简单的 if-else 语句和复杂的 switch 语句在代码中做出决策。我们可以使用数组、列表或带键值对的字典来创建存储各种值的集合变量，甚至可以为每种集合类型选择正确的循环语句，同时谨慎地避免无限循环。如果感到任务过重，没有关系——逻辑和顺序思考是锻炼编程能力的有效方式。第 5 章将通过研究类、结构体和面向对象编程(通常称为 OOP)来结束对 C#编程基础知识的讨论。我们将把到目前为止所学的一切都放到对这些主题的讨论之中，从而为第一次真正地深入了解和控制 Unity 引擎中的对象做好准备。

第 5 章

使用类、结构体和 OOP

显然，本书并不想让你感到苦恼，因此接下来的这些章节无疑会带你走出初学者的方寸之地，进入面向对象编程(Object-Oriented Programming，OOP)的广阔天地。目前，我们使用的类型完全依赖于作为 C#语言组成部分的预定义类型。这些类型(例如字符串、列表、字典等)在 C#内部实际上都是类，因此可以通过点符号来创建它们并使用它们的属性。但是，仅仅使用内置类型存在明显的弱点——无法脱离 C#已经设定好的蓝图。

能够创建自己的类使你可以根据自身设计来定义和配置蓝图，你还可以针对自己的游戏或应用来获取信息和驱动行为。实质上，自定义类型和 OOP 对于编程十分关键；没有它们，就没有如此丰富多彩的程序。

本章将专注以下主题：

- 创建类并实例化类对象
- 添加类变量、构造函数和方法
- 声明并使用结构体
- 理解引用类型和值类型
- 探索面向对象编程思想

5.1 定义类

第 2 章简要讨论了为何类是对象的蓝图，还提到了可以将它们视为自定义的变量类型。LearningCurve 脚本是类，而且 Unity 知道 LearningCurve 脚本可以附加至场景中的游戏对象上。关于类，最重要的是记住它们是引用类型：当它们被赋值或传递给另一个变量时，系统引用了原始对象而不是创建一份新的副本。在讨论完结构体后，我们将对此进行探讨。在此之前，我们首先需要理解如何创建类。

5.1.1 基本语法

现在，可以先不必理会类和脚本在 Unity 中的工作方式，而是专注于基础：如何在 C#中创建并使用类。使用之前粗略介绍过的蓝图这一概念，类都是通过使用关键字 class 创建的，如下所示：

```
accessModifier class UniqueName
{
    Variables
    Constructors
    Methods
}
```

为了使本章中的示例尽可能统一，我们将创建并修改典型游戏中都会有的 Character 类。为了让你习惯于阅读并理解平常见到的代码，后续部分几乎没有任何代码截图。

实践：创建 Character 类

在理解内部原理之前，下面从头开始创建一个新的 C#脚本以进行练习。

(1) 右击 Scripts 文件夹，从弹出菜单中选择 Create，然后选择 C# Scripts。

(2) 将新创建的脚本命名为 Character，在 Visual Studio 中打开后，删除 using UnityEngine 之后的自动生成的所有代码。

(3) 声明一个名为 Character 的公共类，后跟一对花括号，然后保存文件，代码如下所示：

```
using System.Collections;
using System.Collections.Generic;
using UnityEngine;
```

```
public class Character
{

}
```

刚刚发生了什么

Character类现在已注册为公共类，这意味着项目中的任何类都能用它来创建角色。但是，这些还只是指令。为了实际创建出角色，还需要执行一些额外的步骤，这个过程被称为实例化。

5.1.2　实例化类对象

实例化就是根据一组特定的指令来创建对象的行为，创建的对象被称为实例。假如类是蓝图，那么实例就是根据蓝图中的指令建造的房屋。Character 类的每一个新实例也都是 Character 类自己的对象，就像按同样的规划建造的两幢房屋。

在第 4 章，我们使用类型和关键字 new 创建了列表和字典。我们也可以对自定义类执行同样的操作，例如 Character 类。

实践：创建新角色

Character 类被声明为公共类，这意味着可以在其他任何类中创建 Character 实例。下面在 LearningCurve 脚本的 Start 方法中声明一个名为 hero 的 Character 类型的变量：

```
Character hero = new Character();
```

刚刚发生了什么

让我们对上面的代码逐步进行解释：

- 变量类型被指定为 Character 意味着变量是 Character 类的实例。
- 变量名为 hero，然后使用 new 关键字后跟 Character 类名及两个括号进行初始化。这样便在内存中创建了真实的实例，即使现在 Character 类还是空白的。

现在就可以使用 hero 变量，就像到目前为止你已经使用过的其他变量一样。在 Character 类有了自己的字段和方法后，便可以通过点符号来获取它们。

5.1.3　添加类字段

向自定义类添加变量或字段的方式与之前在 LearningCurve 脚本中使用的方式相比没有什么不同。概念是一样的，包括访问修饰符、变量作用域和赋值。然而，任何属于类的变量都是随着类的实例而创建的，这意味着如果没有赋任何值，它们将默认保持为 0 或使用空值。通常，如何设置初始值取决于它们将存储哪些信息：

- 一个变量如果无论何时创建实例都需要有相同的值，那么设置初始值是个好主意。
- 一个变量如果需要在每一个实例中进行自定义，那么不用赋值，使用类的构造函数即可，我们将在后面讨论相关内容。

实践：填充角色的细节信息

目前，Character 类并没有做太多事情。我们先使用两个变量来存储角色的名称以及刚开始时的经验值。

(1) 在 Character 类的花括号中添加两个公共变量 name 和 exp，前者是 string 类型，后者是 int 类型。

(2) 将 name 变量留空，将 exp 变量设置为 0。每个角色刚开始时都如下所示：

```
public class Character
{
    public string name;
    public int exp = 0;
}
```

(3) 在 LearningCurve 脚本中，在 Character 变量 hero 的初始化语句的下面添加一条调试日志，使用点符号打印出新角色的 name 和 exp 信息：

```
Character hero = new Character();
Debug.LogFormat("Hero: {0} - {1} EXP", hero.name, hero.exp);
```

刚刚发生了什么

如图 5-1 所示，在初始化 hero 后，name 被设置为空，因而在调试日志中显示为空白，exp 则显示为 0。此时，Character 类已经可用，但现在只有空值，并无实际用处，可通过 Character 类的构造函数来修改值。

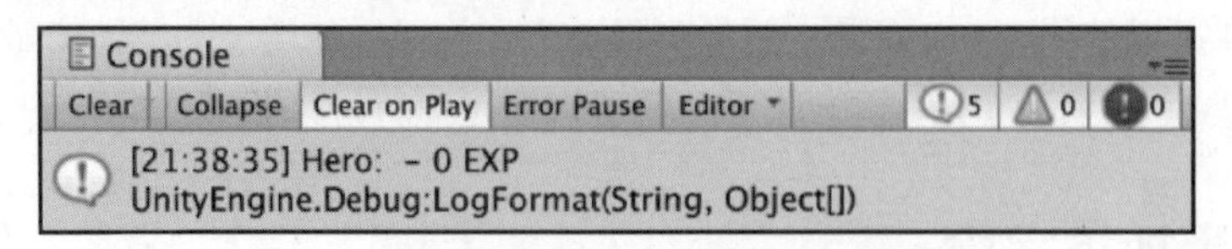

图 5-1　控制台输出的 hero 角色的相关信息

5.1.4　使用构造函数

构造函数是一类特殊的方法，可在创建类的实例时自动调用，运行方式类似于 LearningCurve 脚本中的 Start 方法。顾名思义，构造函数会根据蓝图来构造类。

- 如果未显式指定，C#会生成默认的构造函数。默认的构造函数会将任何值设置为它们的类型默认值：数值型变量会设置为 0，其他类型的变量则设置为 null。
- 就像任何其他方法一样，可以使用参数自定义构造函数，这些参数用于在初始化时设置类变量的值。
- 一个类可以有多个构造函数。

构造函数的编写方式类似于常规方法，但也有一些区别。构造函数需要是公共的，没有返回类型，并且名称要与类名一致。例如，如果向 Character 类添加一个不带参数的基本构造函数，那么这个构造函数会将 name 设置为不是 null 的值。将这些新代码直接放在类变量的下面，如下所示：

```
public string name;
public int exp;

public Character()
{
   name = "Not assigned";
}
```

现在，如果在 Unity 中运行项目，那么 hero 实例将使用新的构造函数，并且调试日志会将英雄的姓名显示为 Not assigned 而不是空值，如图 5-2 所示。

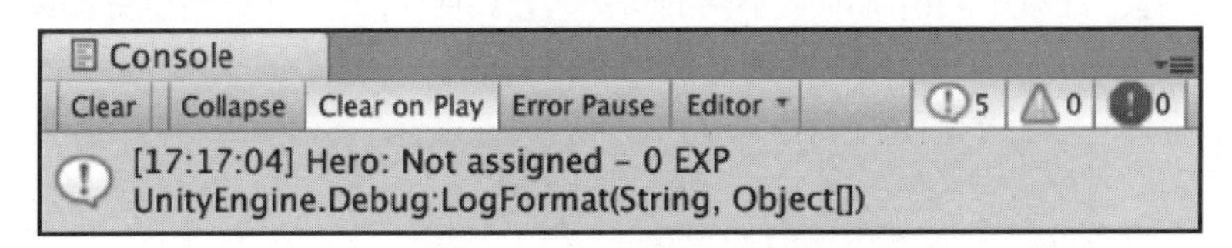

图 5-2　控制台输出 Not assigned

实践：指定初始属性

现在，Character 类的行为开始变得更像真实的角色对象。我们可以更进一步——添加另一个构造函数，设置初始化名称并赋给 name 字段。

(1) 在 Character 类中添加另一个构造函数，这个构造函数接收一个字符串参数，名为 name。

(2) 使用 this 关键字将参数 name 赋值给 Character 类的 name 字段。

```
public Character(string name)
{
  this.name = name;
}
```

(3) 为方便起见，构造函数通常会使用与类变量具有相同名称的参数。在这种情况下，可以使用 this 关键字来指定哪些变量属于类。在本例中，this.name 指的是类变量，而 name 指的是参数；如果没有 this 关键字，编译器将抛出异常，因为无法区分它们两者。

(4) 在 LearningCurve 脚本中创建一个新的名为 heroine 的 Character 实例，并在初始化时使用自定义的构造函数传入姓名 Agatha，然后打印出详细信息：

```
Character heroine = new Character("Agatha");
Debug.LogFormat("Hero: {0} - {1} EXP", heroine.name, heroine.exp);
```

当一个类有多个构造函数时，Visual Studio 会在弹出的自动完成列表中将它们显示出来，并且可以使用方向键进行上下选择，如图 5-3 所。

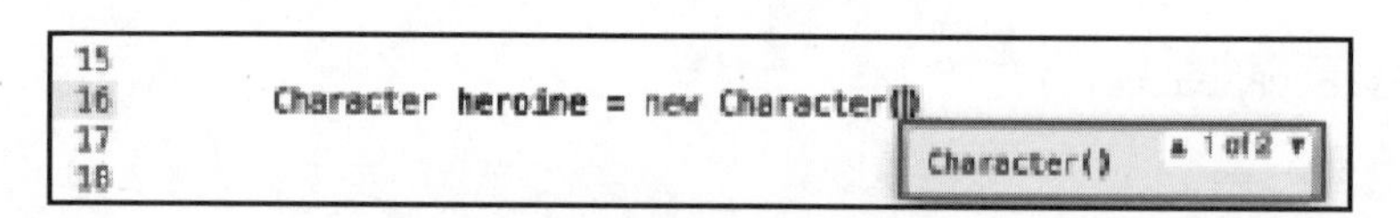

图 5-3　Visual Studio 弹出的代码提示

刚刚发生了什么

现在，当初始化新的 Character 实例时，可以在基础构造函数和自定义的构造函数之间进行选择。针对不同情况配置不同的实例时，Character 类本身变得更加灵活了，图 5-4 显示了不同选择下的输出内容。

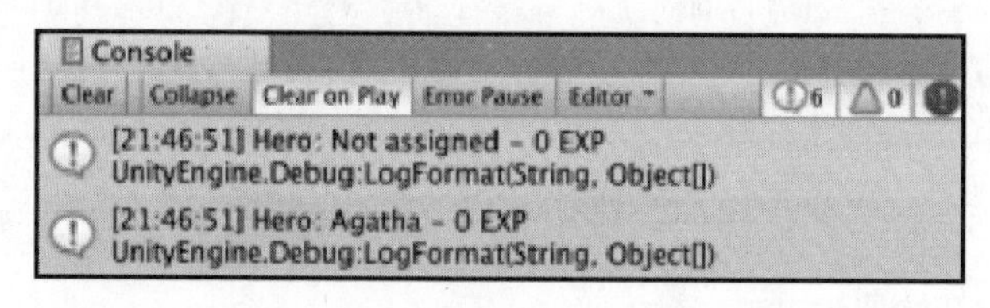

图 5-4　不同构造函数对应的输出内容

5.1.5　声明类方法

将方法添加到自定义类中与将方法添加到 LearningCurve 脚本中相比并没有什么不同。然而，这是一次讨论良好编程习惯的好机会。DRY(Don't Repeat Yourself)是判定所有良好代码的重要标准。事实上，如果发现自己在不断重复同一行代码或多行代码，那就表示需要多思考并重新组织代码。可采用声明新方法的方式来处理重复代码，从而使得在其他地方修改和调用同一功能变得更加容易。

提示：

用编程术语来讲，就是从中抽象出方法或特性。

实践：打印角色数据

下面将重复的调试日志从 Character 类中抽象出来，这是一次完美的实践机会。

(1) 在 Character 类中添加一个公共方法，返回值是 void，方法的名称是 PrintStatsInfo。

(2) 将调试日志从 LearningCurve 脚本复制并粘贴到方法体中，修改其中的变量为 name 和 exp，因为这里可以直接引用类变量：

```
public void PrintStatsInfo()
{
    Debug.LogFormat("Hero: {0} - {1} EXP", name, exp);
}
```

(3) 在 LearningCurve 脚本中，用 PrintStatsInfo 方法替换 Debug.Log，然后单击 Play 按钮。

```
Character hero = new Character();
hero.PrintStatsInfo();

Character heroine = new Character("Agatha");
heroine.PrintStatsInfo();
```

刚刚发生了什么

现在，Character 类有了一个方法，任何实例都可以自由使用点符号访问这个方法。由于 hero 和 heroine 都是独立的对象，因此 PrintStatsInfo 方法会将它们各自的 name 和 exp 值调试至控制台。

提示：

这种行为比直接在 LearningCurve 脚本中使用调试日志更合适。将功能集合到类中并通过方法进行调用是个好主意。这能使代码更具可读性——因为 Character 对象在打印调试日志时将给出命令而不是重复的代码。

整个 Character 类的定义如图 5-5 所示，可作为参考。

```
5 public class Character
6 {
7     public string name;
8     public int exp = 0;
9
10    public Character()
11    {
12        name = "Not assigned";
13    }
14
15    public Character(string name)
16    {
17        this.name = name;
18    }
19
20    public void PrintStatsInfo()
21    {
22        Debug.LogFormat("Hero: {0} - {1} EXP", name, exp);
23    }
24 }
```

图 5-5　Character 类的定义

5.2　什么是结构体

结构体与类相似，也是要在程序中创建的对象的蓝图。主要区别在于：结构体是值类型，这意味着它们是通过值而不是引用(例如类)进行传递的。我们首先来了解结构体如何工作，以及在创建它们时需要遵循的特殊规则。

基本语法

结构体的声明方式与类相似，并且可以容纳字段、方法和构造函数：

```
accessModifier struct UniqueName
{
    Variables
    Constructors
```

```
    Methods
}
```

但是，结构体存在以下一些限制：

- 变量无法在结构体声明的内部进行初始化，除非对它们使用 static 或 const 进行修饰，详见第 10 章。
- 结构体不支持无参构造函数。
- 结构体带有默认构造函数，从而能够根据类型自动将所有变量设置为默认值。

实践：创建 Weapon 结构体

角色在游戏中一般都有武器，武器可以定义为结构体：

(1) 在 Character 脚本中创建一个名为 Weapon 的公共结构体，确保这个结构体处于 Character 类的花括号之外。

(2) 添加两个字段：一个是 string 类型的 name；另一个是 int 类型的 damage。

(3) 声明一个包含 name 和 damage 参数的构造函数并使用 this 关键字设置字段值：

```
public struct Weapon
{
    public string name;
    public int damage;
    public Weapon(string name, int damage)
    {
        this.name = name;
        this.damage = damage;
    }
}
```

(4) 在 LearningCurve 脚本中，使用 new 关键字和自定义的构造函数创建如下新的武器：

```
Weapon huntingBow = new Weapon("Hunting Bow", 105);
```

刚刚发生了什么

即使 Weapon 结构体是在 Character 脚本中创建的，但这个结构体位于 Character 类的实际声明(花括号)之外，因此不是 Character 类的一部分。

提示：

将脚本限制为类是个好主意。把只有某个类使用的结构体包含在同一脚本中，但处于这个类之外是很常见的方式，Character 脚本和 Weapon 结构体就是典型的示例。

5.3 类与结构体

目前，除了关键字以及初始化字段之外，类与结构体没有什么不同。类适合于将复杂的行为以及整个程序中可能发生变化的数据组合在一起；对于大多数简单的对象与保持不变的数据来说，结构体是更好的选择。除使用方式外，最根本的区别在于它们如何在变量之间传递与赋值：类是引用类型，这意味着它们是按引用传递的；结构体是值类型，它们是按值传递的。

5.3.1 引用类型

当 Character 类的实例完成初始化之后，hero 和 heroine 变量并没有直接保存类信息。相反，它们保存了位于内存中的对象的引用。如果将 hero 或 heroine 分配给另一个变量，那么实际上相当于分配对内存的引用而不是角色数据。最重要的是，如果有多个变量保存同一个引用，那么改变任何一个变量都会影响到其他所有变量。

实践：创建新英雄

(1) 在 LearningCurve 脚本中声明一个新的 Character 变量，名为 hero2，把 hero 赋值给 hero2，然后使用 PrintStatsInfo 方法打印出两组信息。

(2) 单击 Play 按钮，然后查看控制台中显示的两条调试日志：

```
Character hero = new Character();
Character hero2 = hero;

hero.PrintStatsInfo();
hero2.PrintStatsInfo();
```

(3) 这两条调试日志相同，如图 5-6 所示，因为在创建 hero2 时将 hero 赋给了 hero2。此时，hero2 和 hero 都指向内存中 hero 对象的位置。

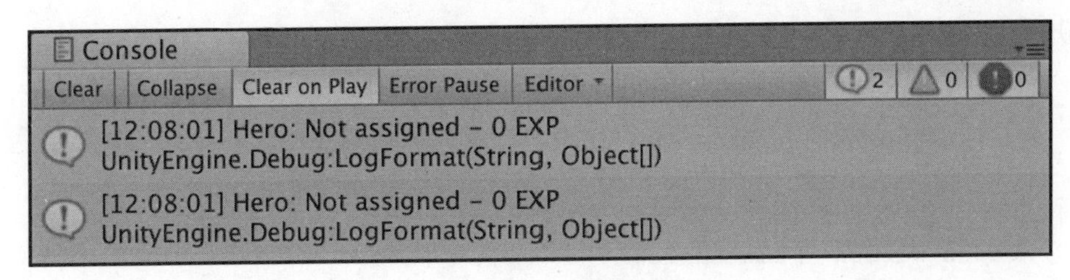

图 5-6 控制台输出

(4) 现在，修改 hero2 的 name 字段，然后再次单击 Play 按钮：

```
Character hero2 = hero;
hero2.name = "Sir Krane the Brave";
```

刚刚发生了什么

hero 和 hero2 现在拥有相同的 name 信息，即使我们认为只有一个角色的 name 信息会改变。这里的要点是，需要谨慎对待引用类型，给新变量赋值时，它们并不会被复制。如图 5-7 所示，对一个引用所做的任何更改都会使包含相同引用的所有其他变量发生相应的变化。

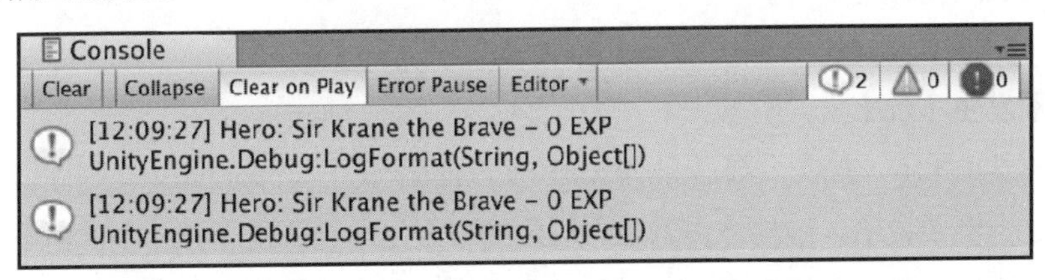

图 5-7 作为引用类型，hero 和 hero2 的 name 信息将保持一致

提示：
如果想尝试复制类，那么要么创建新的独立实例，要么考虑使用结构体作为对象的蓝图。

5.3.2 值类型

创建结构体对象时，所有数据都存储在相应的变量中，不存在指向内存位置的引用或连接。当需要创建能快速、高效复制且保持独立性的对象时，结构体最适合不过。

实践：复制武器

下面复制 huntingBow 以创建新的武器，然后更新数据并检查所做的变更是否会影响所有结构体。

(1) 在 LearningCurve 脚本中声明一个新的 Weapon 对象，将 huntingBow 赋值给它。

(2) 使用 PrintWeaponStats 方法打印出每件武器的数据。

```
Weapon huntingBow = new Weapon("Hunting Bow", 105);
Weapon warBow = huntingBow;

huntingBow.PrintWeaponStats();
warBow.PrintWeaponStats();
```

(3) 根据现有的设置，在改变任何数据之前，huntingBow 与 warBow 会有相同的调试日志，就像我们之前对两个角色所做的那样。

(4) 将 warBow 的 name 与 damage 字段改为想要的值，然后再次单击 Play 按钮：

```
Weapon warBow = huntingBow;

warBow.name = "War Bow";
warBow.damage = 155;
```

刚刚发生了什么

如图 5-8 所示，控制台显示只有 warBow 的数据变了，huntingBow 则保留了原始数据。这个例子说明，结构体作为独立对象能够方便地进行复制和修改，而不像类那样保留对原始对象的引用。现在，你已经对结构体和类的工作方式有了足够的了解，可以开始讨论面向对象编程及其为何适宜编程领域了。

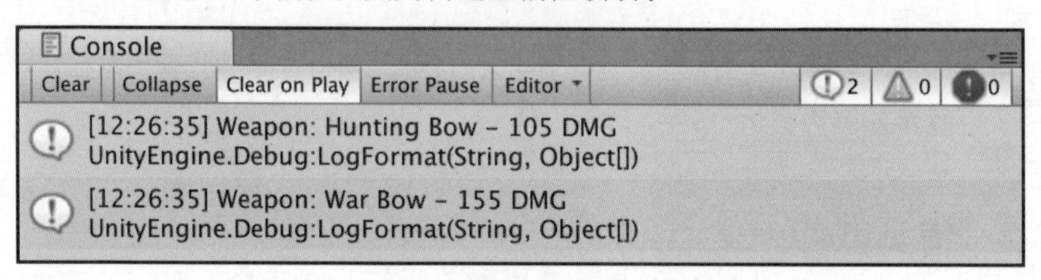

图 5-8　作为值类型，warBow 和 huntingBow 拥有不同的值

5.4　面向对象思想

如果类和结构体是对象的蓝图，那么 OOP 就是将所有内容结合在一起的架构。

之所以将 OOP 称为编程范型，是因为 OOP 按某种原则规范了整个程序的工作和通信方式。从本质上讲，OOP 专注于对象及其保存的数据、驱动行为的方式以及对象之间相互通信的方式，而非专注于纯粹的顺序逻辑。

现实世界中的事物是以类似的方式运作的。当你从自动售货机购买饮料时，你会取下一瓶汽水而不是汽水本身。汽水瓶就是对象，人们将相关信息和操作组合在了独立的包装中。不论是编程还是自动售货机，处理对象时都有需要遵守的规则。例如，谁能获取它们，各种对象都有哪些不同之处，以及可以适用于周围各种对象的常见行为。用编程术语来讲，这些规则是 OOP 的重要组成部分：封装、继承和多态。

5.4.1　封装

OOP 支持的最有用处的一点是封装——定义外部代码(有时候称为调用方代码)对某个对象的变量和方法的访问能力。以汽水瓶为例，在自动售货机中，一些交互方式受到了限制。机器是锁着的，你无法直接从里面拿走一瓶汽水。如果恰好有合适的零钱，那就可以购买，但能够买多少是由机器决定的。如果机器本身被锁在房间内，那么只有持有房门钥匙的人才知道汽水放在这里。

在程序中如何设置这些限制呢？答案很简单，我们之前一直在通过指定对象的变量以及方法的可访问性来使用封装。如果需要复习，请回顾第 3 章的 3.4 节。

实践：添加 Reset 方法

Character 类及其字段和方法都是公共的。如果想把角色数据重置回初始值，该怎么做呢？可以使用公共方法，但是如果这些方法被意外调用，产生的后果将是毁灭性的。让这些方法成为私有成员是最佳方式：

(1) 在 Character 类中创建一个私有且无返回值的名为 Reset 的方法。

(2) 在 Reset 方法中分别把 name 和 exp 变量设置为"Not assigned"和 0。

(3) 在 LearningCurve 脚本中，在打印出 hero2 的角色数据之后，尝试调用 Reset 方法。

```
private void Reset()
{
    this.name = "Not assigned";
    this.exp = 0;
}
```

刚刚发生了什么

是不是 Visual Studio 出了什么问题？当然不是。将变量或方法标记为私有的之后，会使它们无法在其他类中通过点符号进行访问。如图 5-9 所示，如果手动键入并将光标放在 Reset 方法上，将会看见一条关于 Reset 方法受到保护的提示消息。

```
14
15          hero.PrintStatsInfo();
16          hero2.PrintStatsInfo();
17          hero2.Reset();
Error: 'Character.Reset()' is inaccessible due to its protection level
19
```

图 5-9 Visual Studio 中的提示消息

封装确实允许我们对对象进行更复杂的配置，但是现在我们只使用了 private 和 public 访问修饰符。等到后面丰富游戏原型的内容时，我们再按需要添加不同的访问修饰符。

5.4.2 继承

一个类可以在另一个类的基础上进行创建，共享后者的变量和方法，并且可以定义自身独有的数据。在 OOP 中，这被称为继承。有了这种机制，无须重复代码就可以创建相关的类。以汽水为例。市场上销售的大部分汽水都有一些相同的基本特点；此外还有一些特殊的汽水，它们也具有这些基本特点，但可以通过不同的商标或包装区分开来。虽然都是汽水，但它们还是有明显的不同。

原始类通常被称为基类或父类，继承得到的类被称为派生类或子类。使用 public、protected 或 internal 访问修饰符标记的任何基类成员都会自动成为派生类的一部分，但构造函数除外。类的构造函数始终属于包含它们的类，但是派生类也可以使用以减少重复代码。

大多数游戏都有多种角色，可以创建一个继承自 Character 类的名为 Paladin 的新类。可将这个新类添加到 Character 脚本中，也可创建新脚本，使用你喜欢的方式即可：

```
public class Paladin: Character
{


}
```

正如 LearningCurve 继承自 MonoBehaviour 一样，你需要做的就是添加冒号和想要继承的基类，C#会处理剩下的事情。现在，任何 Paladin 实例都可以访问 name 和 exp 属性，还可以访问 PrintStatsInfo 方法。

1. 基类构造函数

当一个类从另一个类继承时，它们就会形成一种金字塔结构，成员变量可从父类流到任何派生级。父类不知道任何子类，但子类知道父类。可以通过使用一些简单的语法，在子类构造函数中直接调用父类构造函数：

```
public class ChildClass: ParentClass
{
    public ChildClass(): base()
    {

    }
}
```

关键字 base 代表父类构造函数，在这里也就是父类的默认构造函数。由于构造函数是方法，因此子类可以将参数向上传递给父类构造函数。

实践：调用基类构造函数

我们希望所有的 Paladin 对象都有名字。因为 Character 类已经使用构造函数对此做了处理，所以可以在 Paladin 类的构造函数中直接调用基类构造函数，从而省去重复编写构造函数的麻烦。

(1) 在 Paladin 类中添加一个构造函数，这个构造函数接收一个名为 name 的字符串作为参数。

(2) 使用冒号和 base 关键字调用父类构造函数，将 name 参数传入父类构造函数：

```
public class Paladin: Character
{
    public Paladin(string name): base(name)
    {
    }
}
```

(3) 在 LearningCurve 脚本中创建一个名为 knight 的 Paladin 实例，并使用构造函数为 name 赋值。

(4) 调用 knight.PrintStatsInfo 方法，观察控制台的输出。

```
Paladin knight = new Paladin("Sir Arthur");
knight.PrintStatsInfo();
```

刚刚发生了什么

除了在 Paladin 构造函数中为 name 赋值之外，输出的调试日志与其他角色相同，如图 5-10 所示。当 Paladin 构造函数被调用时，就将 name 参数传递给 Character 构造函数，从而设置角色名称。这在本质上相当于使用 Character 构造函数对 Paladin 类进行初始化，使 Paladin 构造函数仅负责初始化自己独有的属性，但目前我们还没有定义这些属性。

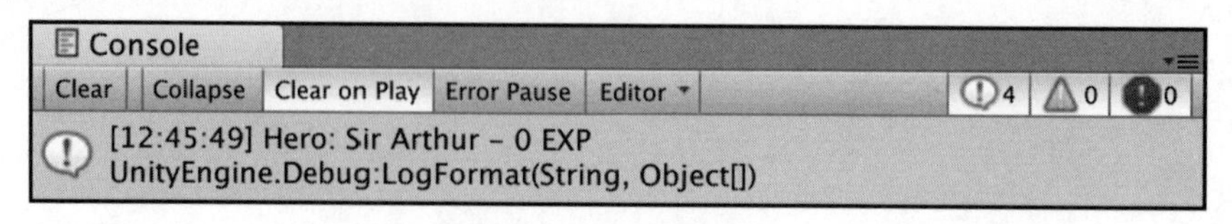

图 5-10　控制台的输出

5.4.3　组合

除了继承，类还可以由其他类组合而成。以 Weapon 结构体为例，Paladin 类可以轻松地在自身内部包含一个 Weapon 变量，并且可以访问里面的所有属性和方法。更新 Paladin 类，使其接收 weapon 参数，然后在构造函数中进行赋值：

```
public class Paladin: Character
{
    public Weapon weapon;

    public Paladin(string name, Weapon weapon): base(name)
    {
        this.weapon = weapon;
    }
}
```

武器(weapon)是圣骑士(knight)独有的，因此需要在构造函数中设置初始值。更新 knight 实例以包含 weapon 变量：

```
Paladin knight = new Paladin("Sir Arthur", huntingBow);
```

如果现在运行游戏，那么由于使用了来自 Character 类的 PrintStatsInfo 方法，因此我们并不知晓圣骑士的武器情况，因此看不到任何变化。为了解决这个问题，需要引入多态。

5.4.4　多态

多态可以两种不同的方式应用于 OOP：

- 派生类对象与父类对象会被同等看待。例如，Character 对象的数组也可以存储 Paladin 对象，因为它们都派生自 Character 类。
- 父类可以将方法标记为虚拟方法，这意味着派生类可以使用 override 关键字修改方法中的指令。对于 Character 和 Paladin 类，如果它们各自能使用 PrintStatsInfo 方法输出不同的调试信息，这将会很有用。

多态允许派生类保留父类的结构，同时可以根据自己的具体需求调整行为。

实践：方法的变体

修改 Character 和 Paladin 类，使用 PrintStatsInfo 方法输出不同的调试信息。

(1) 在 Character 类中，在 PrintStatsInfo 方法的 public 和 void 关键字之间添加 virtual。

```
public virtual void PrintStatsInfo()
{
   Debug.LogFormat("Hero: {0} - {1} EXP", name, exp);
}
```

(2) 在 Paladin 类中声明 PrintStatsInfo 方法，但不使用 virtual，而是使用 override 关键字。

(3) 添加一条日志以输出 Paladin 属性：

```
public override void PrintStatsInfo()
{
    Debug.LogFormat("Hail {0} - take up your {1}!", name,
    weapon.name);
}
```

刚刚发生了什么

看起来代码重复了，似乎要发生错误。但这里其实是一种特殊情形。通过使用 virtual 关键字来标记 Character 类中的 PrintStatsInfo 方法，可以告知编译器这个方法会根据不同的调用类产生不同的行为。当你在 Paladin 类中声明重载版本的 PrintStatsInfo 方法时，相当于添加针对 Paladin 类的自定义行为。由于多态机制的存在，我们不需要从 Character 或 Paladin 类中选择调用哪个版本的 PrintStatsInfo 方法，因为编译器已经知道应该调用哪个版本，控制台输出如图 5-11 所示。

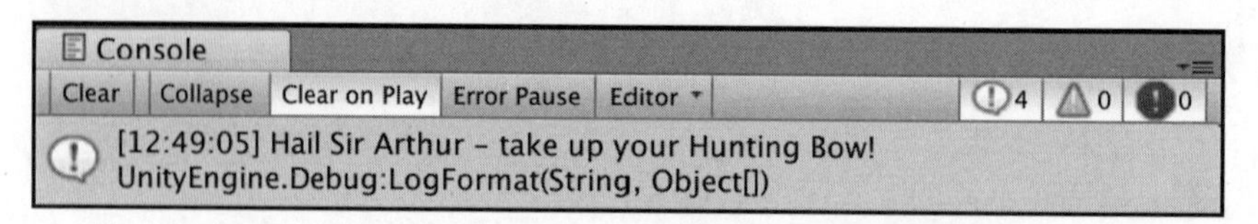

图 5-11　调用虚拟方法 PrintStatsInfo 后的控制台输出

5.4.5　OOP 总结

对于 OOP，初学者有很多概念需要理解，下面总结了一些要点：

- OOP 在本质上就是将相关的数据与行为组合到对象中，这些对象之间既可以互相联系，也可以独立运作。
- 类似于变量，访问任何类成员时都可以使用访问修饰符。
- 类也能继承其他类，从而构成自顶而下的父子关系层级。
- 类可以将其他类或结构体作为成员。
- 类可以重载标记为 virtual 的父类方法，从而在保持结构统一的同时还能执行自定义行为。

OOP 不是 C#唯一可用的编程范型，你可以通过网址 http://cs.lmu.edu/~ray/notes/paradigms 找到一些其他的编程范型。

5.5　在 Unity 中使用 OOP

根据 OOP 原则，程序中的任何内容都应该是对象，Unity 中的 GameObject 可以代表类与结构体。但这并不是说 Unity 中的所有对象都必须出现在实际场景中，因此我们仍然可以不在场景中使用新创建的类。

5.5.1　对象是集合起来的行为

我们在第 2 章讨论过当脚本需要附加到 Unity 中的 GameObject 时，脚本是如何转换为组件的。这种行为可以视为 OOP 原则中的组合——GameObject 是组件的容器，可以由多个组件组合而来。这听起来可能与“每个 C#类都是脚本”互相矛盾，比起实际需求，这样做更多是为了提高可读性。类的确可以嵌套在其他类中，但代码很快就会混乱不堪。将多个脚本组件附加到 GameObject 上更合适，尤其当处理管理类或行为时。

提示：

我们将始终尝试把对象分解为最基本的元素，然后使用它们组合构建出更大、更复杂的对象。修改由小的可互换组件组合而成的 GameObject 相比修改大而笨重的 GameObject 更容易。

以 Main Camera 为例。如图 5-12 所示，所有组件(比如 Transform、Camera、Audio Listener 以及 LearningCurve(Script))在 Unity 中都是类。就像 Character 或 Weapon 实例一样，当单击 Play 按钮时，这些组件都会成为内存中的对象，包含它们自身的成员变量和方法。你甚至可以使用这些组件的名称作为数据类型来创建所需实例。就像类一样，Unity 中的组件类都是引用类型：

```
Transform objectTransform;
```

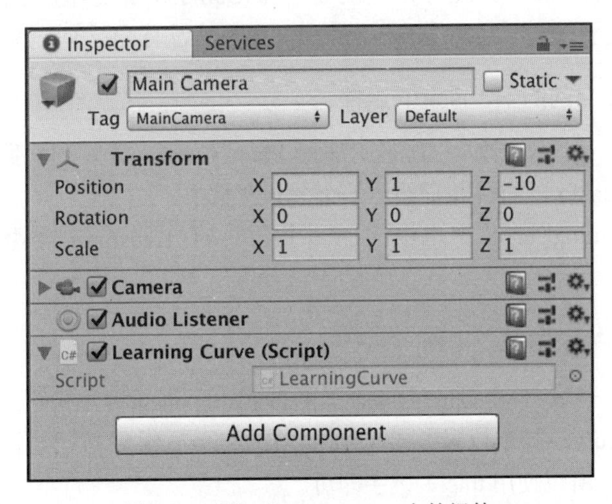

图 5-12　附加到 GameObject 上的组件

如果将 LearningCurve 脚本(以及其他任何脚本或组件)附加到 1000 个 GameObject 上并单击 Play 按钮，就会在内存中创建并存储 1000 个不同的 LearningCurve 实例。

5.5.2　获取组件

你现在已经知道了附加到 GameObject 上的组件是如何运作的，那么如何获取指定的游戏对象呢？幸运的是，Unity 中的所有游戏对象都继承自 GameObject 类，因而可以通过 GameObject 类的成员方法来查找场景中所需的游戏对象。以下两种方式可用来分配或检索当前场景中激活的游戏对象：

- 使用 GameObject 类的 GetComponent 或 Find 方法，这种方式对公共或私有变量都适用。
- 将 Project 面板中的游戏对象拖动并放置到 Inspector 面板中对应的变量位置。这种方式只适用于公共变量，因为只有公共变量才会出现在 Inspector 面板中。

1. 基本语法

GetComponent 方法很简单，但是这个方法的签名与你之前见到的其他方法相比有所不同：

```
GameObject.GetComponent<ComponentType>();
```

我们需要的只是组件的类型，如果想要查找的组件存在，GameObject 就会返回组件，否则返回空值。此外，还有其他形式的 GetComponent 方法，上面只是最简单的一种，因为不需要知道所需类型的任何细节。这种方法称为泛型方法，详见第 11 章。

实践：获取当前的 Transform 组件

由于 LearningCurve 脚本已经被附加到 Main Camera 上，因此我们可以从 Main Camera 获取 Transform 组件并存储至一个公共变量中。

(1) 在 LearningCurve 脚本中添加一个公共的 Transform 类型的变量，名为 camTransform。

```
private Transform camTransform;
```

(2) 在 Start 方法中使用 GameObject 类的 GetComponent 方法初始化 camTransform。因为 LearningCurve 脚本以及想要查找的 Transform 组件都已经被附加到同一个 GameObject 上，所以使用 this 关键字即可。

(3) 使用点符号获取并输出 camTransform 的 localPosition 属性：

```
void Start()
{
    camTransform = this.GetComponent<Transform>();
    Debug.Log(camTransform.localPosition);
```

刚刚发生了什么

我们在 LearningCurve 脚本的顶部添加了一个公共的且未初始化的 Transform 变量，然后在 Start 方法中通过 GetComponent 方法对这个变量进行了初始化。GetComponent 方法找到了 GameObject 上的 Transform 组件并返回给 camTransform。camTransform 现在存储了一个 Transform 组件，你可以访问其中的属性和方法，如

图 5-13 所示。

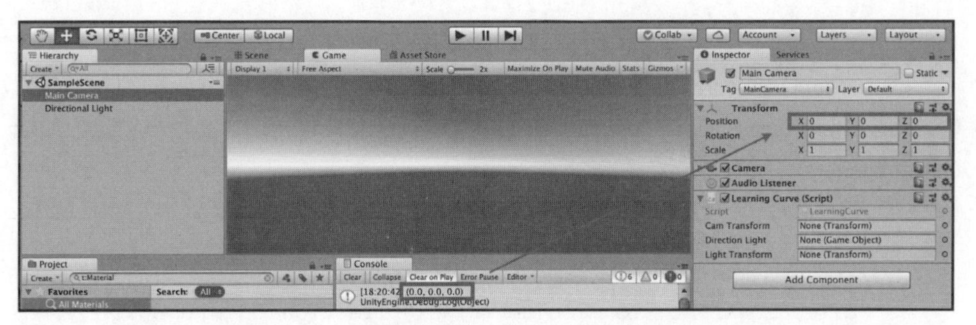

图 5-13　访问 Transform 组件的 localPosition 属性

2. 查找游戏对象

GetComponent 方法可以用来快速检索组件，但只能访问到调用脚本所在 GameObject 上附加的组件。举例来说，如果使用附加到 Main Camera 上的 LearningCurve 脚本中的 GetComponent 方法来获取组件，就只能获取到 Transform、Camera 和 Audio Listener 三个组件。如果想要引用其他对象(例如 Direction Light)上的组件，那么需要首先通过 Find 方法获取对象。Find 方法需要传入的参数只有游戏对象的名称，Unity 会返回合适的 GameObject 类型的对象来进行存储或操作。

选中对象后，在 Inspector 面板的顶部即可看到游戏对象的名称，如图 5-14 所示。

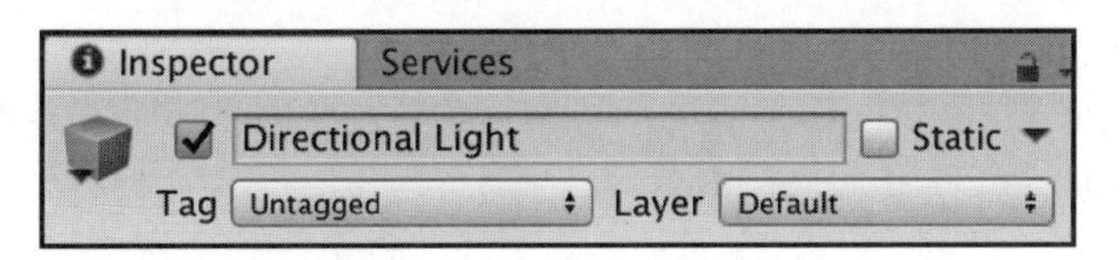

图 5-14　游戏对象的名称

实践：查找不同游戏对象上的组件

下面在 LearningCurve 脚本中使用 Find 方法来查找 Direction Light 对象。

(1) 在 camTransform 声明语句的下面添加两个公共变量：一个类型是 GameObject；另一个类型是 Transform。

```
public GameObject directionLight;
private Transform lightTransform;
```

(2) 在 Start 方法中按名称查找 Direction Light 对象并使用它初始化 directionLight 变量：

```
void Start()
{
```

```
    directionLight = GameObject.Find("Directional Light");
}
```

(3) 将 lightTransform 的值设置为附加到 directionLight 上的 Transform 组件，然后输出 lightTransform 的 localPosition 属性。因为 directionLight 现在是所属对象，所以 GetComponent 方法可以正常工作：

```
void Start()
{
    directionLight = GameObject.Find("Directional Light");

    lightTransform = directionLight.GetComponent<Transform>();
    Debug.Log(lightTransform.localPosition);
}
```

可通过链式调用方法来减少代码。通过组合 Find 和 GetComponent 方法，我们可以在不使用中间变量 directionLight 的情况下，用一行代码完成 lightTransform 的初始化。

```
GameObject.Find("Directional Light").GetComponent<Transform>();
```

提示：

在复杂的项目中，太长的链式代码会导致程序的可读性变差并造成困惑。总的来说，最好避免代码太长。

3. 拖放对象

现在我们来看一看 Unity 的拖放功能。尽管直接拖放要比在代码中使用 GameObject 类快得多，但是当保存或导出项目时，Unity 可能丢失这种方式下对象与变量的链接关系。当需要快速赋值时，一定要利用好 Unity 提供的这种拖放功能。大部分情况下，建议统一使用代码赋值方式。

实践：在 Unity 中为变量赋值

下面修改 LearningCurve 脚本以展示如何通过拖放功能把 GameObject 分配给变量。

(1) 注释掉下面这行使用 GameObject.Find 方法查找并将 Directional Light 对象赋值给 directionLight 变量的代码：

```
//directionLight = GameObject.Find("Directional Light");
```

(2) 选中 Main Camera 对象，拖动 Directional Light 对象至 Learning Curve 组件中的 Direction Light 字段并单击 Play 按钮，如图 5-15 所示。

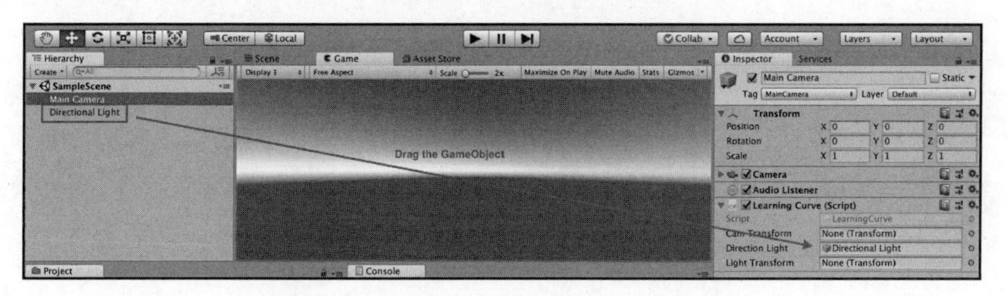

图 5-15　拖动 Directional Light 对象至对应的字段

刚刚发生了什么

Directional Light 对象现在已经被赋值给 direactionLight 变量。因为 Unity 在内部进行了赋值，不涉及任何代码，所以无须修改 LearningCurve 类。

在决定是使用拖放功能还是使用 GameObject.Find 方法来给变量赋值时，以下两点可供参考：首先，Find 方法稍微慢一些，如果在多个脚本中多次调用 Find 方法，游戏有可能产生性能问题。其次，需要保证场景中的所有 GameObject 都有唯一的名称，否则，当一些对象拥有相同的名称时，就会产生一些奇怪的 bug。

5.6　小测验——OOP 的相关内容

1. 类中的什么方法可用来处理初始化逻辑？
2. 结构体是值类型，参数是如何传递的？
3. 面向对象编程的主要组成部分是什么？
4. 作为调用类，可以使用 GameObject 类的哪个方法来查找附加到同一个游戏对象上的组件？

5.7　本章小结

对类、结构体和 OOP 进行介绍标志着本书第 I 部分结束。标识相关数据和行为、创建它们的蓝图、使用实例构建交互是开发游戏或程序的重要基础。再加上已掌握获取组件的方法，你现在已经具备成为 Unity 开发人员的基本素养。第 6 章将直接探讨在 Unity 中进行游戏开发和脚本化对象行为的基础知识。

第 II 部分

在 Unity 中编写游戏机制

本书第 II 部分将涵盖游戏设计、中级 C#特性以及 Unity 2019 中的交互等内容，具体如下：

- 第 6 章“亲自上手使用 Unity”。
- 第 7 章“移动、相机控制与碰撞”。
- 第 8 章“编写游戏机制”。
- 第 9 章“人工智能基础和敌人行为”。

等到第 II 部分结束时，你将能够开发出一款可玩的第一人称游戏，其中包含移动控制、动画以及敌人行为。在此基础上，等到学习本书最后一部分时，你将在提升 C#技巧方面如鱼得水。

第 6 章

亲自上手使用 Unity

创建游戏不仅仅是通过代码模拟行为。为玩家创建游玩的场所时，设计、故事、环境、光照和动画等都是十分重要的组成部分。良好的游戏体验最优先也最重要，而这不可能只靠代码来实现。

在过去的数十年里，Unity 一直处于游戏开发的第一线，为程序员以及非编程人员提供了许多先进的工具。不需要使用任何代码，就可以在 Unity 编辑器中直接使用动画、特效、环境设计以及其他丰富的功能。等到后续为 Hero Born 设定开发需求、制作环境以及开发游戏机制时，我们将讨论这些主题，现在我们首先对游戏设计和 GameObject 的使用进行介绍。

本章讨论下列主题：

- 游戏设计理论。
- 构建关卡。
- GameObject 与预制体。
- 光照基础。
- 在 Unity 中制作动画。
- 粒子系统。

6.1 游戏设计入门

在开始任何游戏项目之前，对想要制作的内容进行规划非常重要。有时候，我们刚开始时头脑里的想法是很不错的，但是当开始创建角色或环境时，事情往往会偏离最初的意图。游戏设计能让我们规划好下列各个方面。

- 概念：你对游戏的大致想法和设计，包括游戏的类型和风格。
- 核心机制：角色在游戏中的特性或交互方式。常见的游戏机制包含跳跃、射击、解谜、驾驶等。
- 控制模式：玩家用来控制角色、环境交互及其他可用行为的按钮/键位映射。
- 故事：推动游戏发展的情节，用于在玩家和游戏世界之间建立起共鸣与联系。
- 艺术风格：游戏的总体观感，包含从角色、界面艺术到关卡与环境等细节。
- 胜利与失败的条件：决定游戏胜负的规则，通常由可能失败的目标构成。

以上并不是游戏设计的详尽清单，但可以作为编写游戏设计文档的起点。

6.1.1 游戏设计文档

如果使用谷歌搜索游戏设计文档，你将得到大量的文本模板、格式规则以及内容指导等信息，这往往让新手望而却步。事实上，设计文档往往是为创建文档的公司或团队量身定制的，通常有如下三种类型。

- 游戏设计文档(Game Design Document，GDD)：游戏设计文档涵盖从游玩方式到游戏氛围、故事以及想要创建的体验等一切内容。根据游戏的不同，这份文档可能少则数页，多则上百页。
- 技术设计文档：技术设计文档专注于游戏的技术方面，涵盖从游戏运行的硬件平台到如何构建类和程序的架构等内容。类似于游戏设计文档，技术设计文档的篇幅和具体项目相关。
- 单页文档：单页文档通常用于市场营销或促销等情形，是游戏的部分缩略内容。顾名思义，单页文档只有一页。

本书将要制作的游戏都十分简单，不需要使用游戏设计文档或技术设计文档；相反，使用单页文档即可维护项目目标以及相关背景信息。

提示：

游戏设计文档的格式没有正确和错误之分，这是发挥个人创意的好地方。你可以添加能够激发灵感的图片，并设计一些有创意的格式来展现自己的愿景。

6.1.2　Hero Born 游戏的单页文档

这里整理了一份简单的文档，列出了 Hero Born 游戏原型的基础设定。在进一步学习之前，请先通读这份文档，想一想如何应用自己目前已经学过的编程概念。

概念

游戏原型专注于潜行躲避敌人并收集治疗物品，还包含一些第一人称射击方面的内容。

游戏玩法

主要机制围绕着利用视线来领先巡逻的敌人并搜集所需物品。战斗包括向敌人发射子弹，这会自动触发受击反馈。

接口

使用 WASD 或方向键控制移动，使用鼠标控制相机。空格键用来发射子弹，物品的收集则需要利用对象间的碰撞。简单的 UI 界面用来显示收集的物品和剩余的弹药，还有标准的血条用来显示生命值。

艺术风格

为了快速且高效地进行开发，关卡和角色都是最基本的 GameObject 图元。如有需要，后续可以替换为 3D 模型和环境地形。

6.2　构建关卡

为游戏构建关卡时，始终应该从玩家的角度进行考虑。你想让玩家看到怎样的环境？如何让他们感受、交互并行走于环境之中？你实际上构建的是游戏所处的世界，一定要保持一致。

在 Unity 中，可以选择使用地形工具创建室外环境，使用基础形状或几何体创建室内环境，甚至可以从其他软件中导入 3D 模型并在场景中使用，例如 Blender。对于 Hero Born 这款游戏，我们始终使用简单的类似于竞技场的室内环境。另外，角落里会有一些可供隐藏的掩体，这些都比较容易制作。

Unity 提供了很好的有关地形工具的入门资料，详见 https://docs.unity3d.com/Manual/script-Terrain.html。如果想好好地制作地形，Unity 资源商店里还有一份十分优秀的免费资源可供参考，详见 https://assetstore.unity.com/packages/tools/terrain/terrain-toolkit-2017-83490。

6.2.1 创建基本图形

观察一下大家平常玩的游戏，你可能会好奇：如何在屏幕上创建这些如此逼真的模型和物体？幸运的是，Unity 包含一组可以直接选择的用于基本图形的 GameObject 以方便快速地制作游戏原型。这些图形并不精致，分辨率也不高，但是对于初学者来说可以节约时间。

在 Hierarchy 面板中选择 Create | 3D Object，你将看到一系列选项，如图 6-1 所示，其中有一半可用来创建基本的图形或形状。

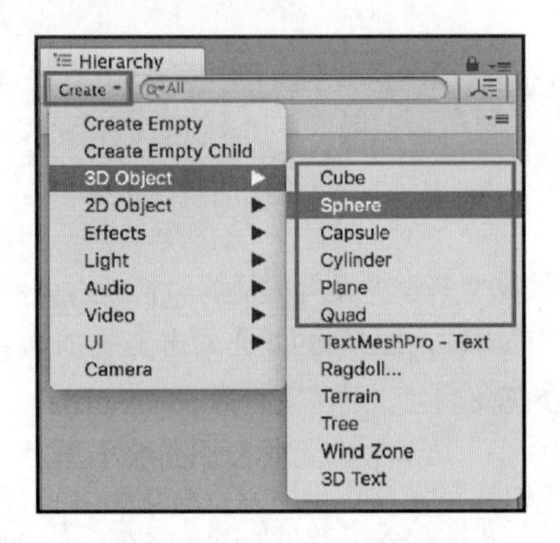

图 6-1　3D 对象的创建选项

实践：创建地面

可执行如下步骤以创建地面：

(1) 在 Hierarchy 面板中选择 Create | 3D Object | Plane。

(2) 在 Inspector 面板中将 GameObject 重命名为 Ground，然后修改 *x*、*y*、*z* 轴的 Scale 修为 3，如图 6-2 所示。

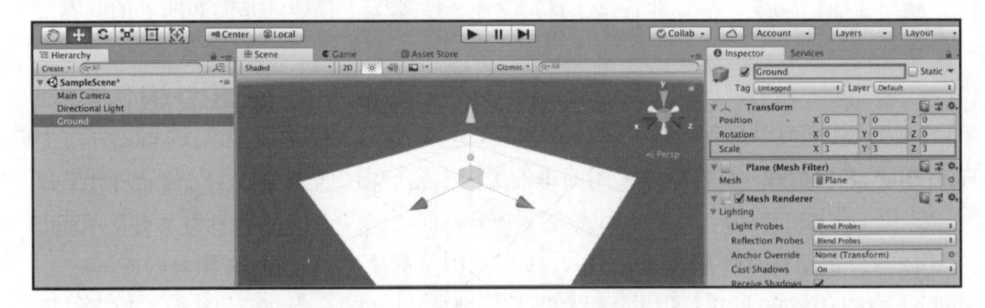

图 6-2　设置 Ground 对象的 Scale 值

刚刚发生了什么

我们刚刚创建了一个 Ground 对象并增大了其尺寸，以便未来放置更多房间供角色行走。按照真实生活中的物理规则，这个 Ground 对象将作为 3D 物体的边界，这意味着其他物体不能直接下落穿过边界。关于 Unity 物理系统及其如何工作的更多信息，详见第 7 章。

6.2.2　在三维中思考

现在，场景中有了第一个物体，可以讨论 3D 空间的知识了。具体来说，就是有关物体的位置、旋转、缩放等操作在三维空间中是如何实现的。回想一下高中所学的几何知识，一张包含 x 轴和 y 轴的坐标系统的图示应该会让你感到很熟悉。

Unity 同时支持 2D 和 3D 游戏开发。如果制作的是 2D 游戏，那么现有的说明已经足够了。然而，当在 Unity 编辑器中处理 3D 空间时，还会涉及 z 轴。z 轴映射了深度，从而赋予物体立体感。

刚开始接触这些时可能会让人困惑，好在 Unity 提供了一些十分方便的视觉指示来帮你弄明白这一切。Scene 视图的右上角有一个几何图标，其中的 x、z、z 轴分别被标记为红色、绿色和蓝色。当选中场景中的任何对象时，也会显示相应的坐标指示箭头，如图 6-3 所示。

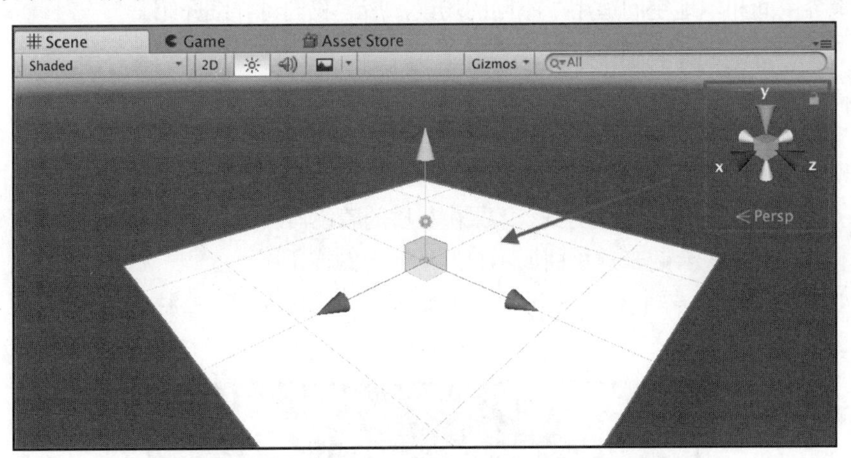

图 6-3　Scene 视图中的坐标指示箭头[1]

图 6-3 中的几何图标会始终显示场景和物体的当前朝向。单击任意一条彩色轴，就会切换场景至所选轴的朝向。

观察 Ground 对象的 Transform 组件，可以看到，位置、旋转和缩放都是按照这三

1 彩色效果可参见本书提供的在线资源，类似的还有图 6-6、图 6-7 和第 7 章的图 7-1。

个轴来定义的。位置决定了对象处在场景中的何处，旋转决定了角度，缩放决定了尺寸，如图 6-4 所示。

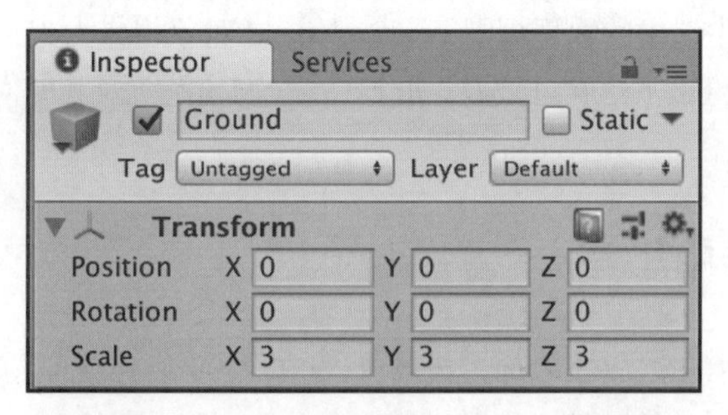

图 6-4　Transform 组件的位置、旋转和角度信息

这引出一个很有趣的问题：位置、旋转、缩放的参考点或原点是在何处设置的？答案是：这取决于使用的相对空间是什么。在 Unity 中，要么是世界空间，要么是本地空间。

- 世界空间使用场景中固定的原点作为所有 GameObject 的参考点。在 Unity 中，原点是(0,0,0)，你可以在前面那个 Ground 对象的 Transform 组件中看到。
- 本地空间使用对象自身作为原点，本质上是将场景的视角改变为以对象为中心。

世界空间和本地空间适用于不同的场景，后续我们再详细介绍。

6.2.3　材质

现在的地面并不好看，可以使用材质来让关卡更生动一些。材质能够控制 GameObject 在场景中的渲染方式，效果由材质的着色器决定。可以认为着色器负责将光照和纹理数据组合起来，进而展示材质看起来的样子。

如图 6-5 所示，每个 GameObject 一开始都有默认材质与着色器，颜色被设置为标准的白色。

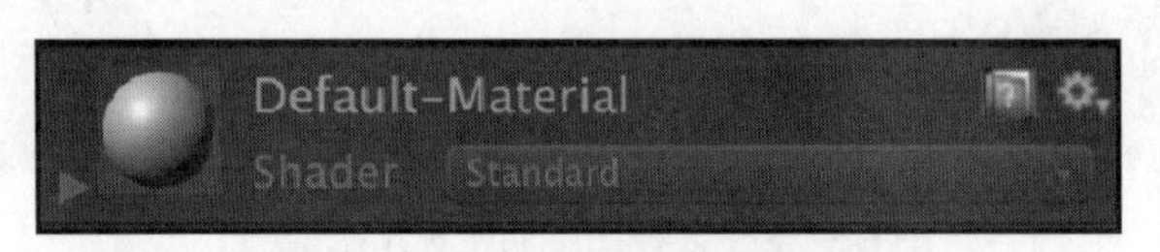

图 6-5　Unity 中的默认材质与着色器

实践：修改地面颜色

下面创建一个新的材质，用它将地面颜色从暗白色修改为深蓝色。

(1) 在 Project 面板中，创建一个新的文件夹并命名为 Materials。

(2) 在 Materials 文件夹中，使用 Create | Material 创建材质并命名为 Ground_Mat。

(3) 单击 Albedo 属性后面的色彩框，从弹出的拾色器中选择颜色，如图 6-6 所示。

(4) 拖动 Ground_Mat 对象，将它放到 Hierarchy 面板中的 Ground 对象上，如图 6-6 所示。

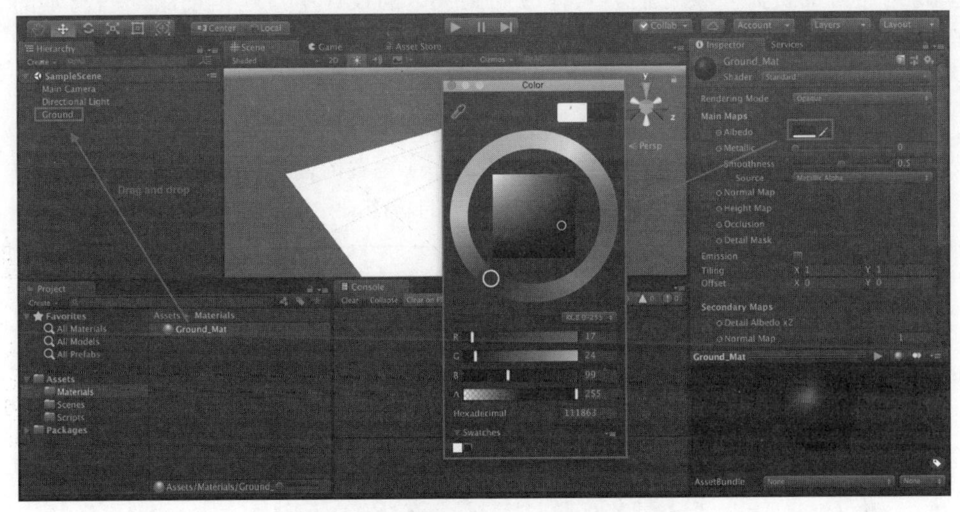

图 6-6　选择颜色并为地面设置材质

刚刚发生了什么

之前创建的材质现在已经成为项目资源的一部分。拖放 Ground_Mat 材质至 Ground 对象上即可改变地面颜色，你对 Ground_Mat 材质所做的任何修改都会反映到地面上，如图 6-7 所示。

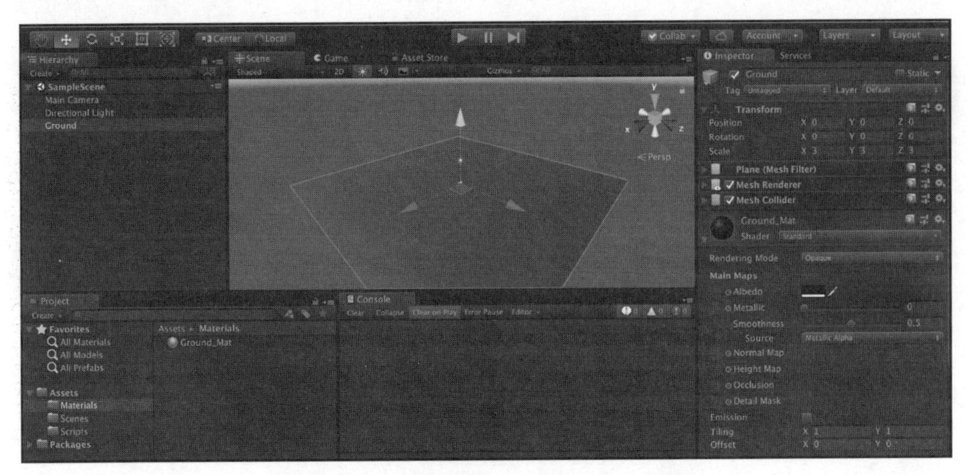

图 6-7　改变材质的颜色后地面发生的变化

6.2.4 白盒环境

白盒是设计术语，指的是使用一些临时对象排布出构想的内容，然后在后续时间里再用做好的资源替换它们。具体应用到关卡的设计中，就是使用一些基本的 GameObject 来构建环境，使之达到我们想要的效果。这是开展工作的好起点，尤其是在游戏的原型制作阶段。

在 Unity 中进行处理之前，笔者喜欢先画出关卡的基本布局与位置。这有助于引发一些想法，从而更快地布置环境。图 6-8 展示了笔者构想的竞技场，中央有隆起的平台，可以通过坡道进入，各个角落里还有小的塔楼。

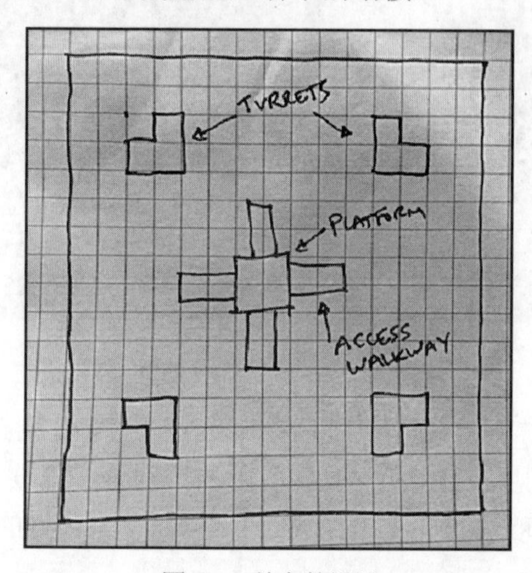

图 6-8　关卡的设计

提示：

即便画得不好，也不要慌张，重要的是将脑海里的想法表达出来，并在进入 Unity 之前解决所有设计问题。

1. 编辑器工具

在学习第 1 章时，我们大致了解了一下 Unity 的工作界面。现在我们需要回顾一下以便更高效地操作游戏对象。

图 6-9　对象控制工具栏

对于图 6-9 所示工具栏中的不同工具，下面从左向右分别对这些工具进行讲解。

- 平移：允许平移改变场景中的位置。
- 移动：允许通过拖动坐标轴，使对象沿着 x、y 或 z 轴移动。
- 旋转：允许通过调整或拖动标记来修改对象的旋转程度。
- 缩放：允许通过拖动指定的轴来修改对象的缩放程度。
- 矩形变换：将移动、旋转和缩放工具的功能整合在了一起。
- 变换图示：将位置、旋转和缩放工具的功能整合到了一个工具包中，但使用与矩形变换不同的视觉辅助工具(称为“手柄”)。

提示：

与场景中对象的导航和移动相关的更多信息可以通过网址 https://docs.unity3d.com/Manual/PositioningGameObjects.html 找到。

场景中对象的平移和导航操作可以使用类似的工具来完成，尽管我们不是在 Unity 编辑器中进行操作：

- 查看四周，按下鼠标右键可移动相机。
- 在使用相机的同时进行移动，继续保持按下鼠标右键并使用键盘上的 W、A、S、D 键便可向前后左右移动。
- 按 F 键可缩放视角并聚焦于选中的游戏对象。

这种场景导航方式通常被叫作“飞行模式”，当需要聚焦或移到特定物体或视点时，可以组合使用这些功能。

提示：

有时候，在场景中进行移动十分枯燥，但随着你不断练习，事情最终会变简单。要想了解更多的场景导航特性，可访问网址 https://docs.unity3d.com/Manual/SceneViewNavigation.html。

试验：搭建墙壁

下面利用基本的图形方块和工具栏，在关卡周围缩放并放置四堵墙，以限制竞技场的主要区域，如图 6-10 所示。

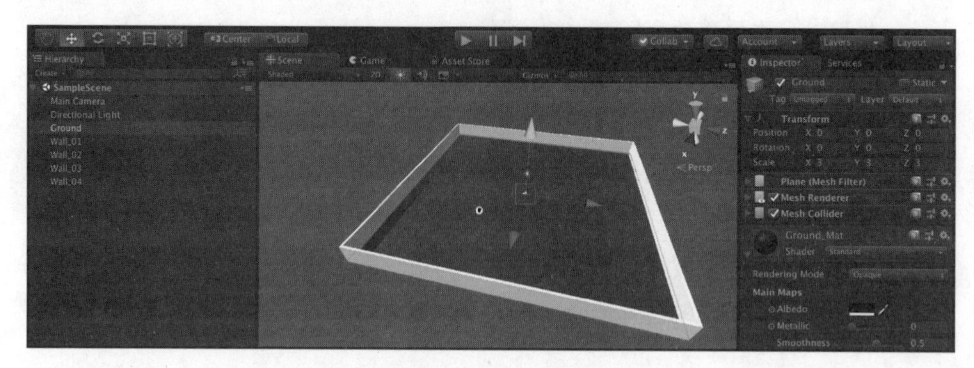

图 6-10　向四周添加墙壁

2. 保持层级清晰

务必确保项目里的层级尽可能组织好，这十分重要。理想情况下，你可能希望把相关的游戏对象放置到父对象下。目前，场景里只有很少的对象，不会构成什么风险。但是，当项目变得复杂，场景中有成百上千个物体时，你将对此感到十分头疼。

实践：使用空对象

在关卡中，一些对象可以组织一下。Unity 允许创建空的游戏对象，从而让这件事变得很简单。空对象是放置相关对象的理想容器，因为空对象上没有附加任何组件，仅仅相当于外壳。

下面把地面和四面墙分到一起，放到常规的空对象下。

(1) 在 Hierarchy 面板中，使用 Create | Create Empty 创建一个空对象并命名为 Environment。

(2) 拖放地面和四面墙至 Enviroment 对象下，使它们成为子对象，如图 6-11 所示。

(3) 选择 Enviroment 对象，确保 x、y、z 都被设置为 0。

刚刚发生了什么

Enviroment 对象在项目的层级中是父对象，竞技场中的对象是它的子对象。现在，我们可以使用箭头图标展开或折叠 Enviroment 对象，这样 Hierarchy 面板就不那么凌乱了。

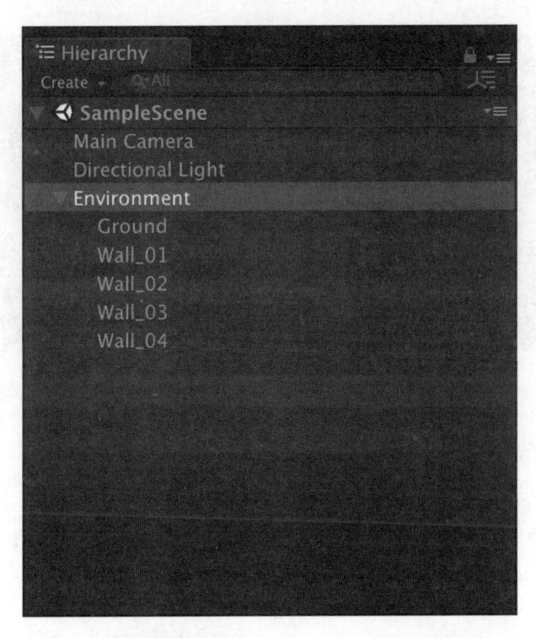

图 6-11　墙壁和地面成为 Enviroment 对象的子对象

3. 使用预制体

预制体是 Unity 中最强大的工具之一，不仅在创建关卡时很有用，而且可用来编写脚本，使用起来十分方便。预制体可视为能够保存并复用的 GameObject，其中可以包含任意的子对象、组件、C#脚本以及属性。一旦创建，预制体就像类的蓝图一样，场景中的每一个副本都是预制体的独立实例。结果就是，你对基础预制体所做的任何修改都会改变场景中的所有实例。

实践：创建角楼

要在竞技场的四个角落放置四个同样的角楼，使用预制体是最合适的方式。可以按如下步骤创建预制体：

(1) 在 Hierarchy 面板中使用 Create | Create Empty 创建一个空对象，命名为 Barrier_01。

(2) 创建两个基础的 Cube 对象，缩放并摆成 V 形。

(3) 创建另外两个 Cube 对象，将它们放到已有物体的一端。

(4) 在 Project 面板中创建一个新的文件夹，命名为 Prefabs。然后把 Barrier_01 拖进去，Barrier_01 就会成为预制体，如图 6-12 所示。

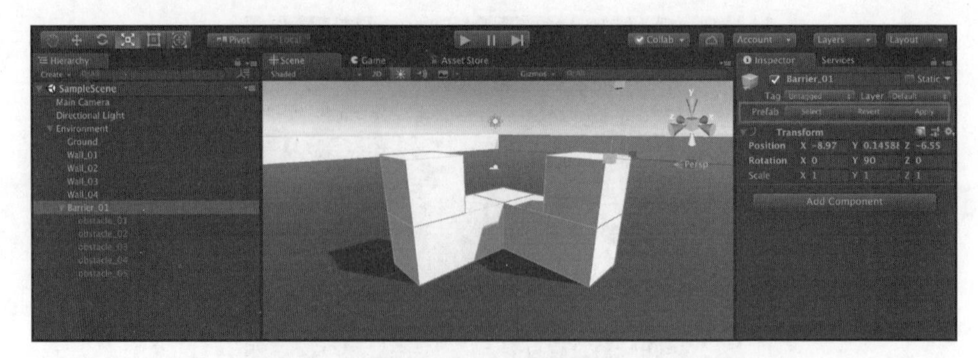

图 6-12　Barrier_01 成为预制体

刚刚发生了什么

Barrier_01 及其所有子对象现在成了预制体，这意味着可以从 Prefabs 文件夹中拖放 Barrier_01 预制体的副本到场景中或直接在场景中复制一份来用。Hierarchy 面板中的 Barrier_01 将变为蓝色以表示状态变了，同时 Inspector 面板中多了一行用于预制体的功能按钮。

实践：更新预制体

角楼的中央有一块空白，因此作为玩家的掩体并不是很合适。下面更新 Barrier_01 预制体，添加另一个 Cub 对象并应用所做的更改。

(1) 创建一个 Cube 对象，将它放置到角楼地基的交汇处。

(2) Inspector 面板中的 Prefab 标签会变为黄色，表示场景中的预制体被修改了。Unity 会将新的 Cube 对象标记为白色，从而表明它不是预制体的一部分。

(3) 单击 Apply 按钮，保存修改并更新预制体，如图 6-13 所示。

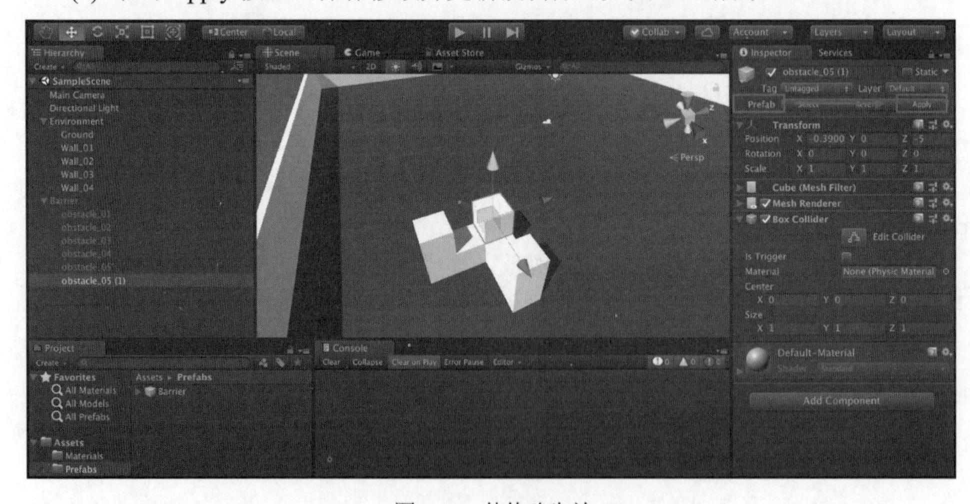

图 6-13　使修改生效

刚刚发生了什么

Barrier_01 预制体现在包含一个新的 Cube 对象，整个预制体应该又变回了蓝色。现在场景中有了角楼预制体，你也可以添加其他更具创意的预制体！

实践：完成关卡

我们已经有了可复用的障碍物，接下来创建关卡中剩下的物体以实现前面图 6-8 所示的草图效果。

(1) 复制三次 Barrier_01 预制体，将每个对象摆放到竞技场的不同角落。

(2) 创建一个空对象，命名为 Raised_Platform。

(3) 创建一个 Cube 对象并进行缩放以符合平台的要求。

(4) 创建一个 Plane 对象并缩放为坡道，然后旋转放置，使之与平台和地面相连。

(5) 复制坡道，然后重复刚才的旋转放置步骤。

(6) 再次重复上述步骤两次，直到有四个坡道通往平台，如图 6-14 所示。

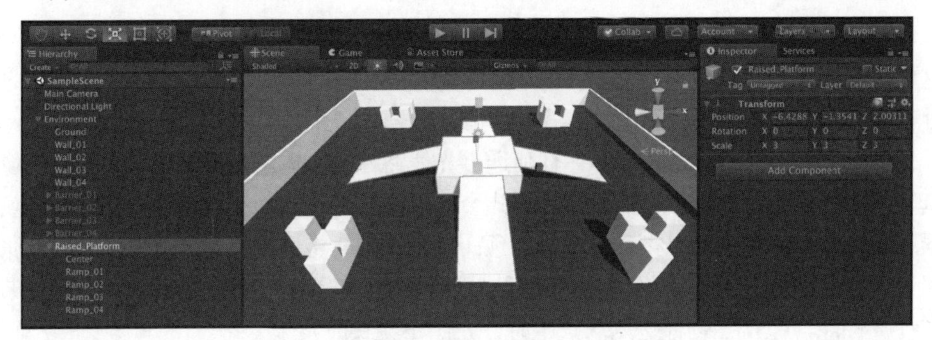

图 6-14　带有四个坡道的平台

刚刚发生了什么

你已经成功为第一个游戏关卡创建了白盒环境！

试验：创建可拾取道具

将你从本章学到的内容整合到一起可能要花上一段时间，但这是值得的。

(1) 创建一个 Capsule 对象，将其摆放至合适位置并进行缩放。

(2) 创建并附加一个新的材质到 Capsule 对象上。

(3) 将 Capsule 对象做成预制体并重命名为 Health_Pickup。

执行完以上操作后，效果如图 6-15 所示。

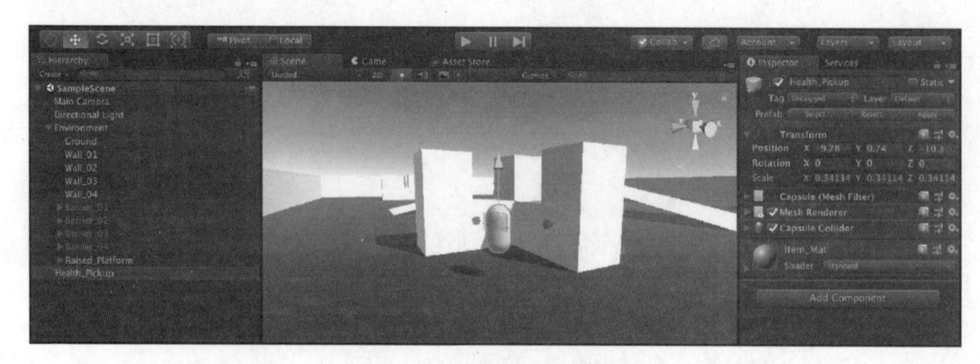

图 6-15　创建的可拾取道具

6.3　光照基础

Unity 中的光照是一个范围极广的话题，光照分为两种：实时光照和预计算光照。这两种光照都会考虑物体的属性(如颜色)、光的强度以及朝向场景的方向等，不同之处在于 Unity 对光照行为的计算方式。

实时光照会在每帧进行计算，任何通过光线路径的物体都会投射实时阴影，就像真实生活中的光源一样。然而，这种方式会显著降低游戏的性能，并且消耗会随着场景中光源数量的增加而以指数级增加。预计算光照则会将场景的光照信息存储到一张名为光照贴图(light map)的纹理中，随后应用到场景中。预计算光照是静态的，可以节省计算性能，但是当物体进入场景中时，光照不会实时发生变化。

提示：

还有一种混合光照类型，叫作“预计算实时全局光照”(Precomputed Realtime Global Illumination)，这种光照填补了实时光照和预计算光照之间的空白。感兴趣的读者可以访问网址 https://docs.unity3d.com/Manual/GIIntro.html。

6.3.1　创建光源

每个场景默认都会使用直射光(Directional Light)作为主光源，但你也可以像创建其他游戏对象一样在层级中创建光源，如图 6-16 所示。即使刚刚接触光源控制方面的知识，也无须担心。光源同样是 Unity 中的对象，可以按需进行摆放、缩放和旋转。

图 6-16　Create 菜单中的光源选项

我们先了解一些实时光源对象以及它们各自的性能：

- 直射光(Directional Light)非常适合用来模拟自然界中的光，例如阳光。直射光在场景中并没有实际的位置，但直射光发出的光线会照射到场景中的所有物体上，并且始终指向同一个方向。
- 点光源(Point Light)本质上就像漂浮的灯泡，从中心向四周发出光线。对于点光源，可以在场景中指定位置和光照强度。
- 聚光灯(Spot Light)则向给定方向发射光线，但光线被限制在一定的角度内，就像现实世界中的聚光灯或泛光灯一样。

提示：

反射探头(Reflection Probe)和光照探头(Light Probe)超出了 Hero Born 游戏的需要。如果感兴趣，可以通过访问 https://docs.unity3d.com/Manual/ReflectionProbes.html 和 https://docs.unity3d.com/Manual/LightProbes.html 来查看相关信息。

6.3.2　Light 组件的属性

Light 组件的所有属性都可以进行配置，从而创建令人沉浸的环境，你需要了解的最基础属性是 Color、Mode 和 Intensity，如图 6-17，这三个属性分别决定了光照的颜色、模式(实时光照或预计算光照)和强度。

提示：

就像其他 Unity 组件一样，Light 组件的这些属性也可以通过脚本进行访问，详见 https://docs.unity3d.com/ScriptReference/Light.html。

图 6-17　Light 组件的属性

6.4　在 Unity 中制作动画

在 Unity 中可以为对象制作动画，范围可从简单的旋转效果直到复杂的角色移动及行为。所有动画都是通过 Animation 和 Animator 窗口控制的。

- 动画片段是在 Animation 窗口中通过时间线进行创建和管理的，对象属性会按照时间线进行记录并播放以创建出动画效果。
- Animator 窗口则使用 Animation Controller 来控制不同动画片段之间的变换。

提示：

关于 Animator 窗口和 Animation Controller 的更多信息，可以通过网址 https://docs.unity3d.com/Manual/AnimatorControllers.html 找到。

6.4.1　创建动画片段

任何需要应用动画片段的游戏对象都需要 Animator 组件，而 Animator 组件需要附加有 Animation Cotroller。在创建新的动画片段时，如果项目中还没有控制器，Unity 就会创建一个并将其保存到动画片段所在的位置，然后就可以通过控制器来管理动画片段了。

实践：创建新的动画片段

下面通过创建动画片段来使 Health_Pickpu 预制体动起来。

(1) 使用 Window | Animation | Animation 打开 Animation 面板，然后将 Animation 面板固定到 Console 面板的旁边。

(2) 确保 Health_Pickup 被选中，然后单击 Animation 面板中的 Create 按钮。

(3) 参考图 6-18，使用弹出的界面创建一个名为 Animations 的文件夹，将新建的动画片段命名为 Pickup_Spin。

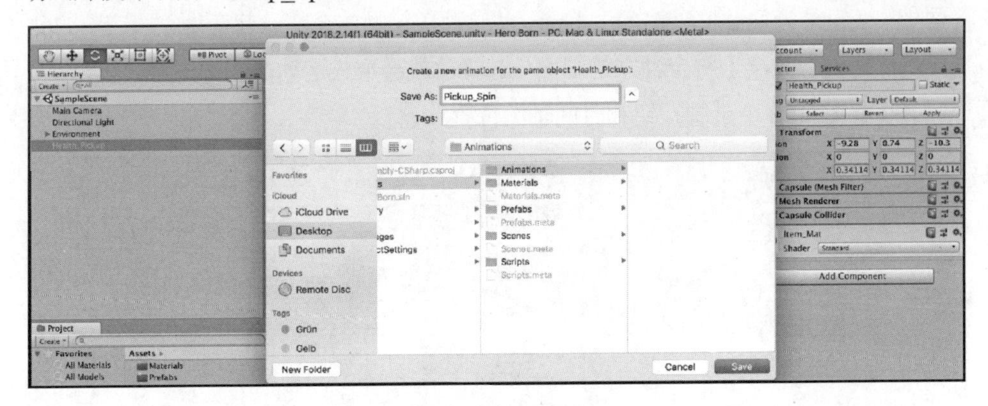

图 6-18　保存动画片段

刚刚发生了什么

因为项目中没有任何 Animator Controller，所以 Unity 在 Animations 文件夹中创建了一个名为 Health_Pickup 的控制器。只要选中 Health_Pickup 对象，创建动画片段的同时就会向预制体添加一个设置了 Animator Controller 的 Animator 组件，如图 6-19 所示。

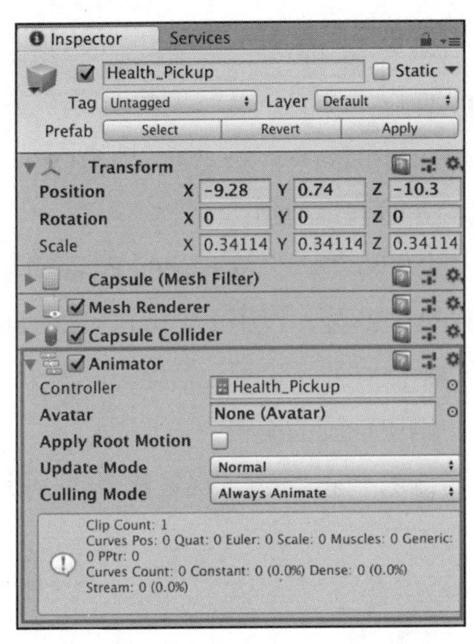

图 6-19　预制体上的 Animator 组件

6.4.2 记录关键帧

现在已经有动画片段了，在 Animation 窗口中，我们可以看见空白的时间轴。本质上，当修改 Health_Pickup 对象的 *z* 轴旋转值或其他可用于动画的属性时，时间轴会将这些改变记录为关键帧。然后由 Unity 将这些关键帧整合在一起变为一段完整的动画，就像将电影胶卷上每个独立的画面一起播放就会形成运动的图像一样。

请观察图 6-20 中录制按钮和时间轴的位置。

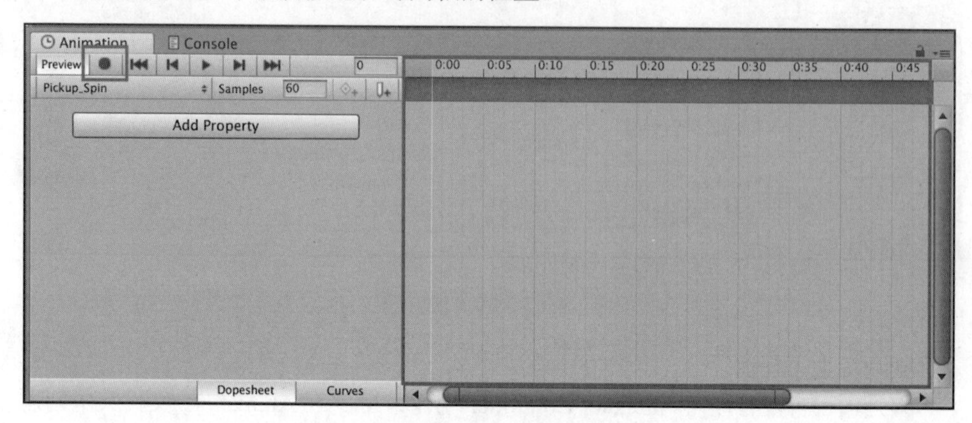

图 6-20 观察录制按钮和时间轴

实践：旋转动画

为了使 Health_Pickup 预制体每秒绕着 *z* 轴完整地旋转 360°，可以仅设置三个关键帧，然后让 Unity 处理剩下的事情。

(1) 单击 Record 按钮，开始编辑动画。

(2) 将光标置于时间轴的 0:00 处，保持 Health_Pickup 的 *z* 轴旋转值为 0。

(3) 将光标置于时间轴的 0:30 处，设置 *z* 轴旋转值为 180，如图 6-21 所示。

(4) 将光标置于时间轴的 1:00 处，设置 *z* 轴旋转值为 360。

(5) 单击 Record 按钮，结束动画的编辑。

(6) 单击 Record 按钮右侧的 Play 按钮，查看整个动画播放效果。

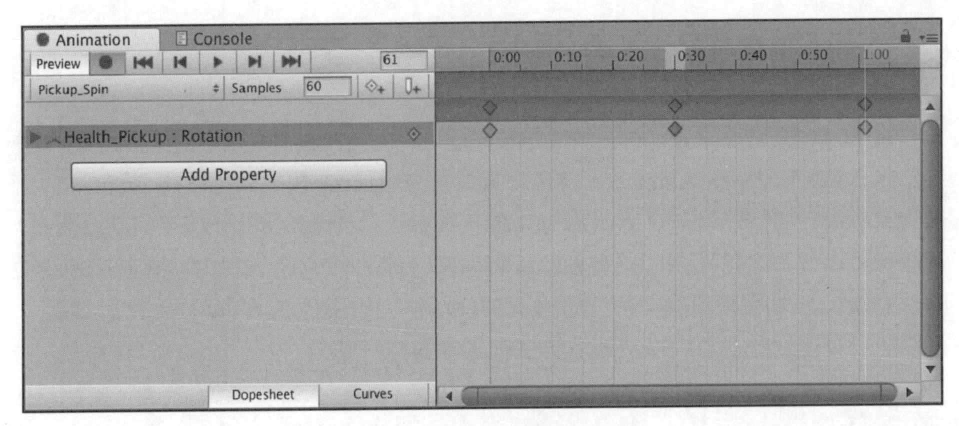

图 6-21　在时间轴上编辑关键帧

刚刚发生了什么

现在，Health_Pickup 对象每秒会绕着 *z* 轴按 0°、180° 和 360° 来旋转，从而实现了循环旋转的效果。如果现在开始游戏，那么上述动画会一直持续下去直到游戏停止，如图 6-22 所示。

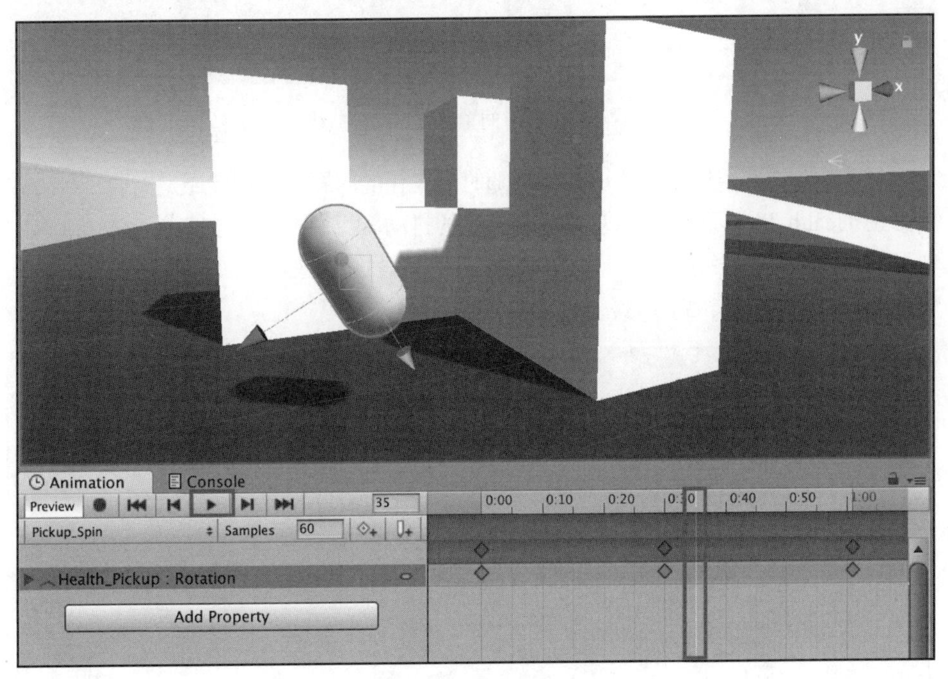

图 6-22　旋转动画将持续下去

6.4.3 曲线与切线

除了为对象属性设置动画之外，Unity 还可以使用动画曲线来控制动画随时间进行变化。到目前为止，Animation 窗口一直处于 Dopesheet 模式，可以在 Animation 窗口的底部进行切换。单击 Curves 标签，你将在右侧看到一条带有一些点的动画曲线，这些点可以代替之前记录的关键帧。旋转动画应该是平滑的(表现为动画曲线是线性的)，因此让一切保持原状即可。如图 6-23 所示，通过拖动或调整动画曲线上的点，可以在动画运行时加速、减速或者改变动画中的任何点。

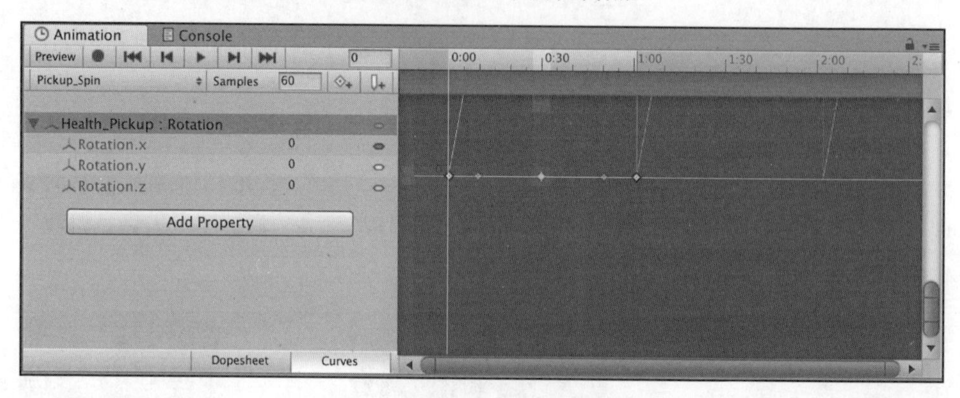

图 6-23　在时间轴上编辑动画曲线

尽管动画曲线能够处理好属性怎样随时间变化的问题，但我们还是需要一种方式来修正 Health_PickUp 动画重复播放时产生的抖动。我们可以通过修改动画切线来实现目的，因为动画切线控制着一个关键帧是怎样与另一个关键帧融合的。在 Dopesheet 模式下，右击任何关键帧，将弹出如图 6-24 所示的菜单。

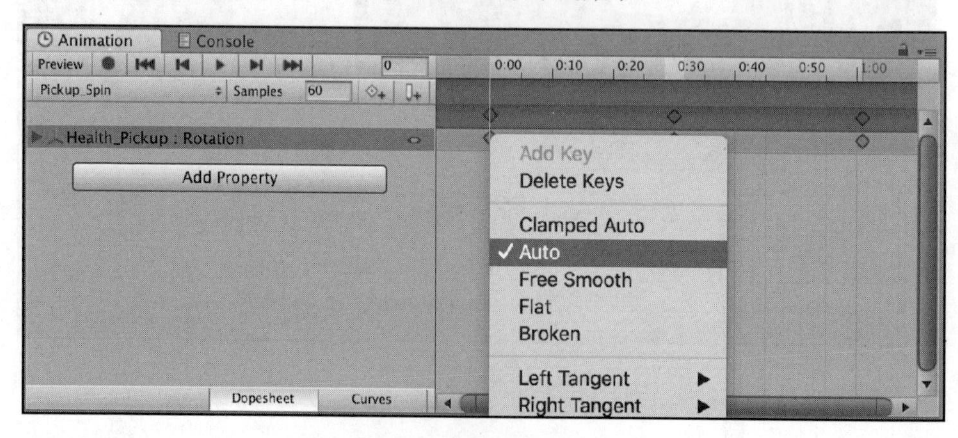

图 6-24　关键帧的右键菜单

提示：

本书不会深入探究动画曲线和动画切线。如果十分感兴趣，可以访问网址 https://docs.unity3d.com/Manual/animeditor-AnimationCurves.html 以查看更多信息。

实践：平滑旋转动画

下面调整动画的第一个关键帧和最后一个关键帧的动画切线，使动画在重复播放时可以无缝融合。

(1) 在时间轴上右击第一个和最后一个关键帧的菱形图标，从弹出的菜单中选择 Auto。

(2) 移动 Main Camera 到能够看见 Health_Pickup 对象的位置，单击 Play 按钮，播放动画时的相机视角如图 6-25 所示。

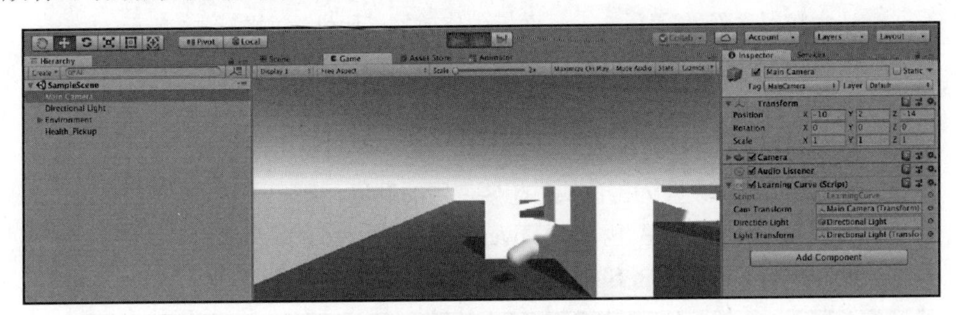

图 6-25　播放动画时的相机视角

刚刚发生了什么

改变第一个和最后一个关键帧的动画切线为自动方式后，Unity 将使它们之间的变换变得平滑，从而消除了动画循环中开始或结束时的抖动。

提示：

我们还可以使用 C#脚本操纵特定的属性，例如位置和旋转，从而为对象设置动画。

6.5　粒子系统

当需要制作诸如爆炸或外星飞船的尾焰喷流这种动态效果时，使用 Unity 的粒子特效最合适不过。粒子系统(Particle System)会发射很多精灵图(Sprite)或网格(Mesh)，这些就是所谓的粒子，它们共同构成了视觉效果。粒子的属性是可以配置的，例如粒子的颜色、在屏幕上的持续时间、向着某个方向运动的速度等。可以将粒子系统创建为独立的对象，也可以将多个粒子系统作为对象组合起来以得到更真实的效果。

提示：

粒子特效极为复杂，几乎可以实现任何你能够想象到的效果。然而，为了制作能够以假乱真的粒子特效，你需要进行大量的实践。作为起点，可以参考 https://docs.unity3d.com/Manual/ParticleSystemHowTo.html。

实践：添加火光效果

为了将玩家的注意力吸引到场景中放置的可收集对象上，可以为 Health_Pickup 对象添加一种简单的粒子特效。

(1) 在 Hierarchy 面板中选择 Create | Effect | Particle System。

(2) 将粒子系统放置在 Health_Pickup 的中间位置。

(3) 选中粒子系统并在 Inspector 面板中修改如下属性，如图 6-26 所示。

- 将 Start Lifetime 设置为 2。
- 将 Star Speed 设置为 0.25。
- 将 Start Size 设置为 0.76。
- 将 Start Color 设置为橙色或你想要使用的颜色。

(4) 展开 Emissions 标签并将 Rate over Time 设置为 5。

(5) 展开 Shape 标签并将 Shape 设置为 Sphere。

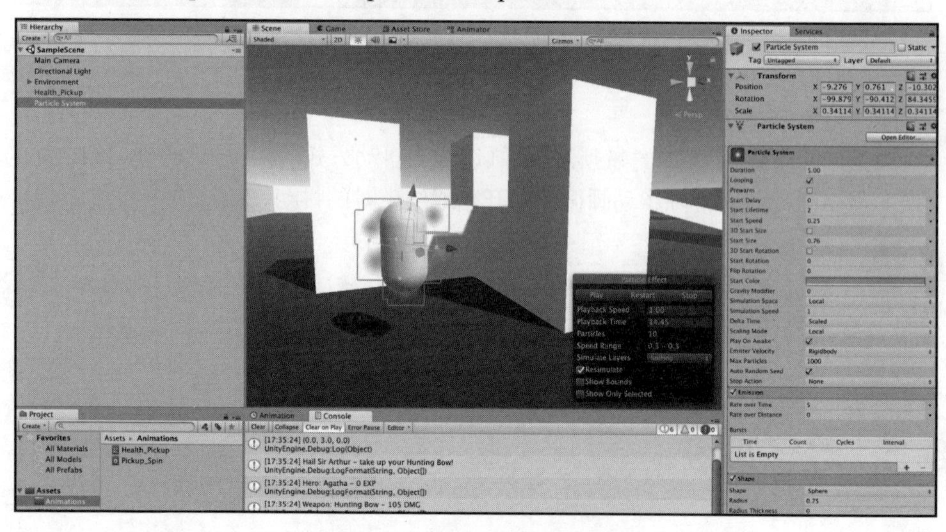

图 6-26　修改粒子系统的属性

刚刚发生了什么

创建好的粒子系统会根据 Inspector 面板中的属性设置在每一帧渲染并发射粒子。

6.6 小测验——基本的 Unity 功能

1. 方块、胶囊和球体是哪种类型的 GameObject？
2. Unity 使用哪个轴表示深度，从而为场景赋予立体感？
3. 如何将 GameObject 转换为可复用的预制体？
4. Unity 的动画系统使用什么单位来记录对象的动画信息？

6.7 本章小结

本章包含许多对初学者来说很有趣的内容。虽然本书的重点在于 C#语言，但是花一些时间来了解游戏开发的整体概念、开发文档以及 Unity 提供的无须编写脚本即可实现的功能也很重要。我们目前并没有深入介绍光照、动画、粒子系统等工具，但是如果你想继续开发 Unity 项目，那么花些时间学习这些知识是值得的。

在第 7 章，讲解的重点将回到编写 Hero Born 游戏的核心机制上，内容包含设置可移动的玩家对象、控制相机以及理解 Unity 的物理引擎是如何控制游戏世界的，等等。

第7章

移动、相机控制与碰撞

当玩家开始玩一款新的游戏时，要做的第一件事就是熟悉角色移动和相机控制。这是一件很有意思的事情，可以让玩家对游戏玩法有一定的预期。Hero Born 游戏中的角色将是一个胶囊，可以使用键盘上的 W、A、S、D 或方向键进行移动和旋转。

在本章，你将首先学习如何通过操纵对象的 Transform 组件来进行移动，然后了解如何通过对物体施加力来控制移动，使运动效果更真实。当移动玩家时，相机会从稍微靠近后方及上方的位置进行跟随，从而使实现瞄准这一射击机制更加容易。最后，本章将使用之前制作的可拾取道具来探索 Unity 的物理系统如何处理碰撞与交互。

本章包含以下内容：

- 移动与旋转变换。
- 管理玩家输入。
- 编写相机行为脚本。
- Unity 的物理系统和力的应用。
- 基本的碰撞体与碰撞检测。

7.1 移动玩家

当决定以何种最佳方式在虚拟世界中移动玩家时，需要考虑如何才能使移动看起来最真实，并避免昂贵的计算开销。在大部分情况下，我们都需要采用折中方案，Unity也不例外。

移动游戏对象的三种常见方式及结果如下。

- 使用游戏对象的 Transform 组件来进行移动和旋转。这是最简单的方式，也是我们的首选方式。
- 为游戏对象附加 Rigidbody 组件并在代码中施加力。这种方式需要依赖 Unity 的物理系统来处理繁重的工作，从而提供更真实的效果。本章后续部分会修改代码以使用这种方式。

注意：

Unity 建议在移动或旋转游戏对象时保持一致的方式。你可以操纵对象的 Transform 或 RigidBody 组件，但不要同时使用它们两者。

- 附加现有的 Unity 组件或预制体，例如 CharacterController 或 FirstPersonController。这样可以减少样板代码，并且仍然能够提供真实的效果，另外还缩短了原型制作时间。

注意：

可以通过网址 https://docs.unity3d.com/ScriptReference/CharacterController.html 找到关于 CharacterController 组件的更多信息。FirstPersonController 预制体可以从 Standard Asset Package 中获取，下载网址为 https://assetstore.unity.com/packages/essentials/asset-packs/standard-assets-32351。

7.1.1 玩家对象的创建

我们想要把 Hero Born 设计为第三人称冒险游戏，这个游戏的起点就是一个可以通过键盘输入进行控制的胶囊以及跟随这个胶囊进行移动的相机。即使这两个对象在游戏中可以一起工作，但为了方便控制，我们还是将它们分开为好。

实践：创建胶囊

只需要执行如下步骤，即可创建出用来表示玩家的胶囊。

(1) 在 Hierarchy 面板中使用 Create | 3D Object | Capsule 创建一个新的 Capsule 对象，命名为 Player。

(2) 选择 Player 对象，单击 Inspector 面板底部的 Add Component 按钮。搜索 Rigidbody 并按 Enter 键，将 Rigidbody 组件添加到 Player 对象上。

(3) 展开 Rigidbody 组件底部的 Constraint 属性并选中 Freeze Rotation 中的 x 轴和

y 轴。

(4) 选择 Materials 文件夹并使用 Create | Material 创建材质，命名为 Player_Mat。

(5) 改变 Albedo 属性至亮绿色并拖动 Player_Mat 材质到 Hierarchy 面板中的 Player 对象上，如图 7-1 所示。

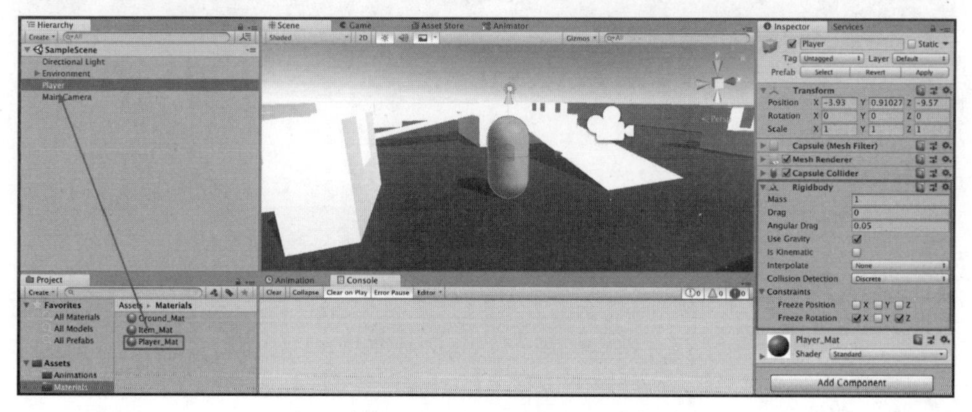

图 7-1　修改 Player 对象的材质颜色为亮绿色

刚刚发生了什么

我们使用 Capsule 图形、Rigidbody 组件和亮绿色材质创建了 Player 对象。不必疑惑 Rigidbody 组件到底是什么，现在只需要知道 Rigidbody 组件能使 Player 对象与物理系统进行交互即可。具体细节我们将在讨论 Unity 的物体系统时进行说明。

7.1.2　理解向量

现在已经创建好了 Player 对象和相机，可以开始了解如何通过 Transform 组件来移动和旋转游戏对象了。Translate 和 Rotate 方法属于 Unity 提供的 Transform 类，它们都需要使用一个向量作为参数。

在 Unity 中，向量用来保存 2D 或 3D 空间中的位置和方向，因而存在两种变量：Vector2 和 Vector3。这两种变量能够像任何其他变量那样使用，只不过它们代表不同的信息。因为我们的游戏是三维的，所以需要使用 Vector3，这意味着你需要知道 x、y、z 的值。对于 2D 向量，则只需要知道 x 和 y 的值。记住，3D 场景的当前朝向显示在场景中右上角的几何图形上，如图 7-2 所示。

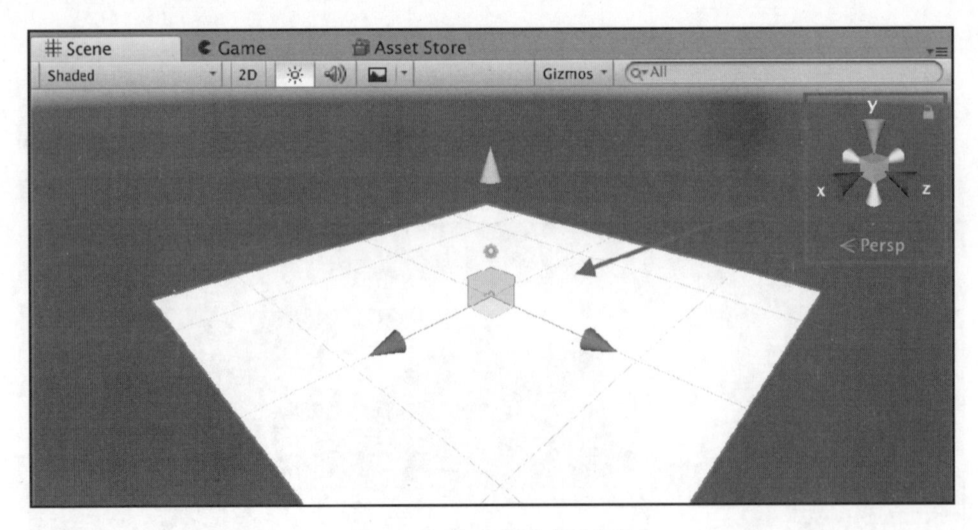

图 7-2　Scene 视图中的坐标轴

提示：

如果想了解有关向量的更多信息，可以通过网址 https://docs.unity3d.com/ScriptReference/Vector3.html 查看文档及参考脚本。

例如，如果想要创建向量来保存场景中原点的位置，可以使用如下代码：

```
Vector3 origin = new Vector(0f, 0f, 0f);
```

上述代码将创建一个 Vector3 变量并使用 0 按顺序初始化位置值。float 类型的值带不带小数点都可以，但是必须以小写的 f 结尾。

我们还可以使用 Vector2 和 Vector3 类的属性来创建方向向量：

```
Vector3 forwardDirection = Vector3.forward;
```

forwardDirection 变量指的是 3D 空间中沿着 *z* 轴的场景方向，也就是前方，其中存储的并不是位置。本章后续部分会使用向量，现在只需要考虑 3D 运动的位置和朝向即可。

提示：

如果刚刚接触向量的概念，不必慌张，Unity 提供的向量手册可供参考，详见 https://docs.unity3d.com/Manual/VectorCookbook.html。

7.1.3　获取玩家输入

位置和朝向是很有用的概念，但只靠它们无法形成运动，还需要配合玩家输入才行。这就是引入 Input 类的原因所在，Input 类能将所有的按键输入和鼠标位置处理为相应的加速及陀螺仪数据。

对于 Hero Born 游戏来说，可使用键盘上的 W、A、S、D 键以及方向键来控制移动，并配合使用脚本，让相机能够跟随玩家光标所指的位置。为此，你需要理解输入轴是如何工作的。

使用 Edit | Project Settings | Input 打开 InputManager 面板，如图 7-3 所示。

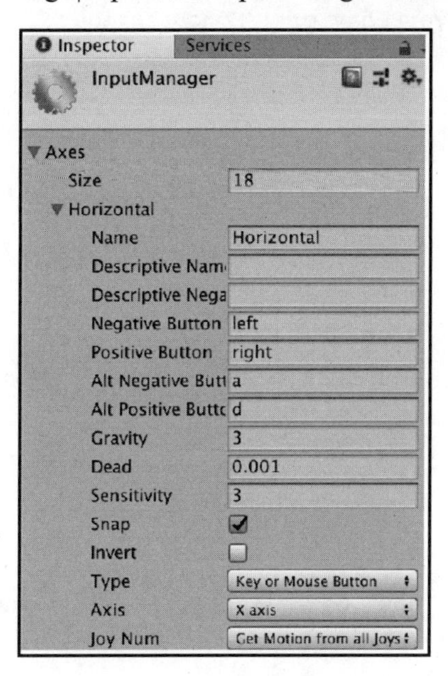

图 7-3　InputManager 面板

从中可以看到已配置好的 Unity 默认的输入列表，以 Horizontal 输入轴为例：Horizontal 输入轴将 Negative Button 和 Positive Button 按钮分别设置为键位 left 和 right，并且将 Alt Negative Button 和 Alt Positive Button 设置为键位 a 和 d。

任何时候，当从代码中获取输入轴时，值的范围始终是 - 1~1。例如，当左方向键或 A 键被按下时，水平轴的值变为 - 1；释放按键时，值变回 0。同样，当右方向键或 D 键被按下时，水平输入轴的值会变化为 1。这种行为使你可以从代码中获取某个轴的不同输入，并且只需要一行代码，你不需要为了获取不同的值而输入一长串的 if/else 语句。

获取输入轴很简单，只需要调用 Input.GetAxis 方法并指定输入类型的名称即可，稍后我们将采用这种方式来获取水平和垂直输入。

既可以按自己的需要修改默认的输入配置，也可以通过递增 Size 的值来创建自定义输入轴，然后重命名创建出来的副本。

实践：移动玩家

为了使玩家可以移动，需要为 Player 对象添加脚本。

(1) 在 Scripts 文件夹中创建一个新的 C#脚本，命名为 PlayerBehavior，然后将这个脚本拖动至 Player 对象上。

(2) 添加如下代码并保存：

```
public class PlayerBehavior : MonoBehaviour
{
    // ①
    public float moveSpeed = 10f;
    public float rotateSpeed = 75f;

    // ②
    private float vInput;
    private float hInput;

    void Update()
    {
        // ③
        vInput = Input.GetAxis("Vertical") * moveSpeed;

        // ④
        hInput = Input.GetAxis("Horizontal") * rotateSpeed;

        // ⑤
        this.transform.Translate(Vector3.forward * vInput *
             Time.deltaTime);

        // ⑥
        this.transform.Rotate(Vector3.up * hInput * Time.deltaTime);
    }
}
```

提示：

如果存在空的方法，例如本例中的 Start 方法，可以将其删除以保持代码清晰。当然，如果倾向于在脚本中保留它们，也可以。

下面按照标志对上述代码进行解释。

① 声明两个公共变量作为乘数：

- moveSpeed 表示玩家可以向前或向后移动的速度。
- rotateSpeed 表示玩家可以向左或向右旋转的速度。

② 声明两个私有变量来保存来自玩家的输入，刚开始时不设置任何值：

- vInput 用来保存来自垂直轴的输入。
- hInput 用来保存来自水平轴的输入。

③ Input.GetAxis("Vertical")用于检查上下方向键以及 W 和 S 键何时被按下，然后将其值乘以 moveSpeed。

- 上方向键和 W 键会返回 1，使得玩家向前方(正方向)移动。
- 下方向键和 S 键会返回 -1，使得玩家向后方(反方向)移动。

④ Input.GetAxis("Horizontal")用于检查左右方向键以及 A 和 D 键何时被按下，然后将其值乘以 rotateSpeed。

- 右方向键和 D 键会返回 1，使得玩家向右旋转。
- 左方向键和 A 键会返回 -1，使得玩家向左旋转。

提示：

是否可以将所有移动计算集中至一行代码？当然可以。但是，将代码分解成多行更好些，这样可便于他人理解。

⑤ 使用 Translate 方法移动 Player 对象的 Transform 组件。

- 记住 this 关键字指代当前脚本被附加到的游戏对象，在本例中也就是 Player 对象。
- 将 Vector3.forward 与 vInput 和 Time.deltaTime 相乘，后面两者提供了玩家沿着 z 轴向前或向后移动的速度和方向。
- 当游戏运行时，Time.deltaTime 会返回从上一帧到现在经历的时间，单位为秒。Time.deltaTime 通常用于平滑 Update 方法获取的值，使其不受设备帧率的影响。

⑥ 使用 Rotate 方法相对于传入的向量旋转玩家。

- 将 Vector3.up 乘以 hInput 和 Time.deltaTime 可得到向左或向右的旋转轴。

- 这里使用 this 关键字和 Time.deltaTime 的原因与上面的相同。

如前所述，在 Translate 和 Rotate 方法中使用方向向量只是达成目的的方式之一。也可根据轴输入创建新的 Vector3 变量并用作参数。

刚刚发生了什么

运行游戏后，就可以使用上/下方向键和 W/S 键控制玩家前后移动，而使用左/右方向键和 A/D 键控制玩家左右旋转。我们仅仅使用很少的代码，就设置好了与帧率无关且易于修改的两个独立控件。然而，相机还不会跟随玩家移动，接下来就解决这一问题。

7.2 相机跟随

使一个对象跟随另一个对象的最简单方式就是将其中一个对象设置为另一个对象的子对象。但是，这意味着 Player 对象发生的任何移动或旋转都会影响到相机，这并不是我们想要的效果。幸运的是，Tansform 类提供的方法使得相对于 Player 对象设置相机的位置和旋转变得十分简单。

实践：编写相机行为

为了使相机的行为完全与 Player 对象的移动分离开来，我们需要控制相机相对于哪个目标来摆放，目标可以在 Inspector 面板中进行设置。

(1) 在 Scripts 文件夹中创建一个新的 C#脚本，命名为 CameraBehavior，然后拖放至 Main Camera 对象上。

(2) 添加如下代码并保存：

```
public class CameraBehavior : MonoBehaviour
{
    // ①
    public Vector3 camOffset = new Vector3(0, 1.2, -2.6);

    // ②
    private Transform target;

    void Start()
    {
        // ③
```

```
        target = GameObject.Find("Player").transform;
    }

    // ④
    void LateUpdate()
    {

        // ⑤
        this.transform.position = target.TransformPoint(camOffset);

        // ⑥
        this.transform.LookAt(target);
    }
}
```

下面对上述代码进行解释。

① 声明一个 Vector3 变量来存储想要的 Main Camera 对象与 Player 对象之间的偏移距离。

- 可以在 Inspector 面板中手动设置相机的偏移位置，因为 camOffset 变量是公共的。
- 现有的默认值比较合适，当然你也可以尝试修改。

② 创建一个 Transform 变量来保存 Player 对象的变换信息。

- 这使得我们可以获取位置、旋转和缩放信息。
- 这些信息不应该能够从 CameraBehavior 脚本之外进行访问，所以将 target 变量设置为私有的。

③ 使用 GameObject.Find 方法在场景中按名称查找 Player 对象并获取 Player 对象的 transform 属性，这意味着存储在 target 变量中的 Player 对象的位置会在每一帧进行更新。

④ LateUpdate 是 MonoBehaviour 脚本提供的方法，就像 Start 和 Update 方法一样，LateUpdate 方法也在 Update 方法之后执行。由于 PlayerBehavior 脚本在 Update 方法中移动了 Player 对象，因此我们希望 CameraBehavior 脚本在移动操作完成之后执行；这样可以确保 target 变量引用的是最新位置。

⑤ 每帧都把相机的位置设置为 target.TransformPoint(camOffset)以产生跟随效果。

- TransformPoint 方法用于计算并返回世界空间的相对位置。

- 在这里，TransformPoint 方法会返回 target 对象的偏移位置，*x* 轴为 0，*y* 轴为 1.2(将相机置于胶囊上方)，*z* 轴为 -2.6(将相机置于胶囊后方)，如图 7-4 所示。

⑥ LookAt 方法会在每一帧更新胶囊的旋转值，使其朝向传入的 Transform 对象(本例中的 target 变量)所在的位置。

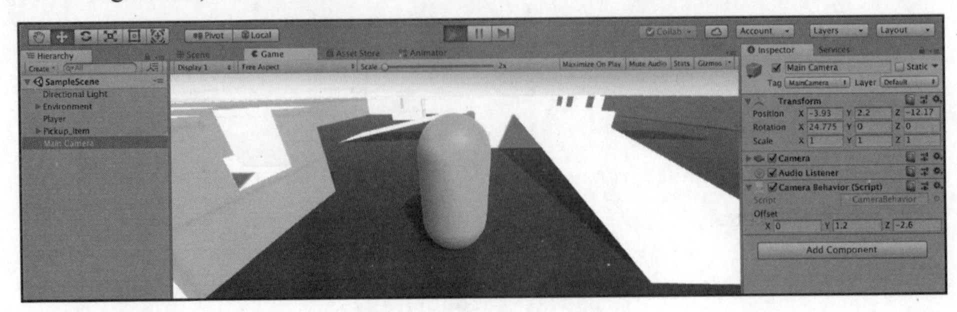

图 7-4　设置相机的偏移值

刚刚发生了什么

这里有大量知识需要消化吸收，如果按时间顺序进行分解的话，理解起来会简单一些。

(1) 首先为相机创建了偏移位置。

(2) 然后查找并存储 Player 对象(也就是场景中的胶囊)的位置。

(3) 最后，在每一帧都手动更新位置和朝向，使相机一直按设置好的距离跟随并朝向玩家。

提示：

当使用那些提供了平台特有功能的类方法时，始终记住将任务分解为最基础的步骤，这将使你在新的编程环境中如鱼得水。

7.3　使用 Unity 的物理系统

到目前为止，我们尚未讨论 Unity 引擎实际上是如何工作的以及如何在虚拟空间中创建出栩栩如生的交互与运动效果。本章的剩余部分将聚焦于 Unity 的物理系统，如图 7-5 所示。

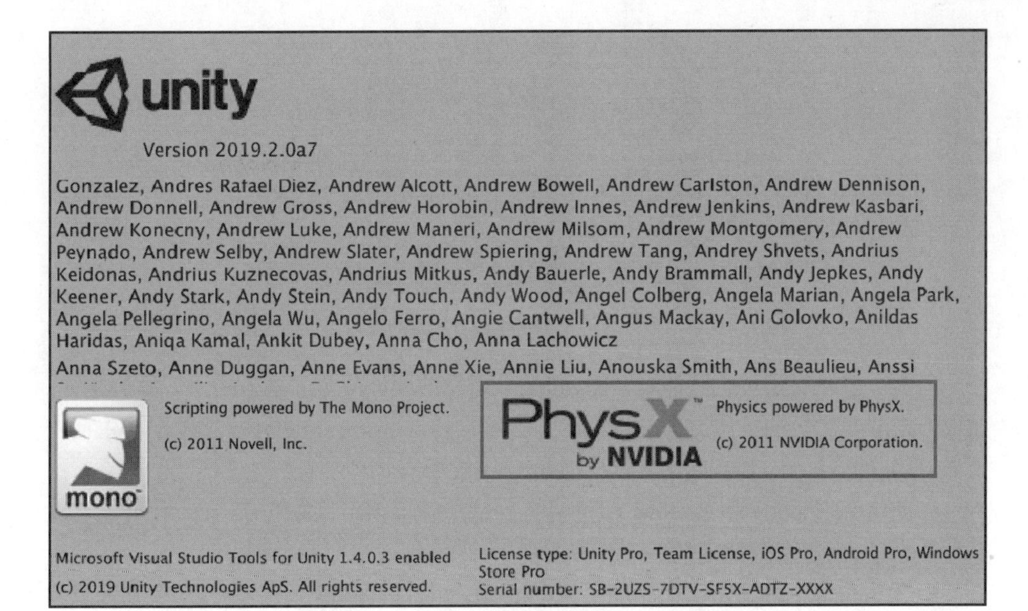

图 7-5　Unity 的物理系统使用的是 PhysX 引擎

PhysX 引擎中最重要的两个组件如下：

- Rigidbody 组件，这种组件允许你使用重力以及其他因素对游戏对象施加影响。Rigidbody 组件还会受施加的力的影响，从而产生更真实的运动效果。Rigidbody 组件的属性如图 7-6 所示。

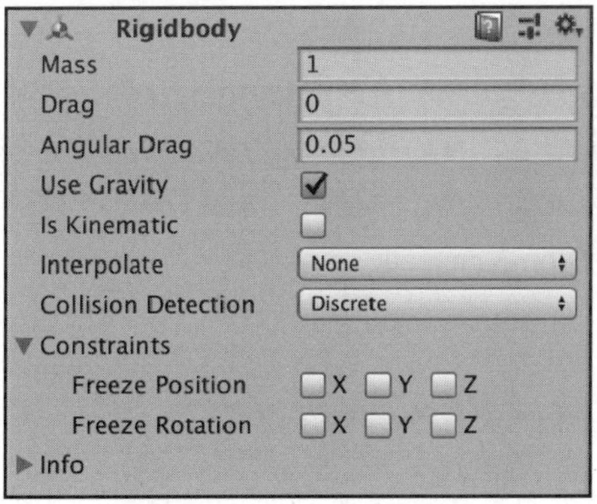

Rigidbody
Mass　1
Drag　0
Angular Drag　0.05
Use Gravity　✓
Is Kinematic
Interpolate　None
Collision Detection　Discrete
Constraints
Freeze Position　X Y Z
Freeze Rotation　X Y Z
Info

图 7-6　Rigidbody 组件的属性

- Collider 组件，这种组件决定了游戏对象何时以及怎样进入、离开其他对象的物理空间，抑或简单地碰撞并弹开。对于给定的游戏对象来说，只能添加一个 RigidBody 组件，但可以添加多个 Collider 组件。Collider 组件的属性如图 7-7 所示。

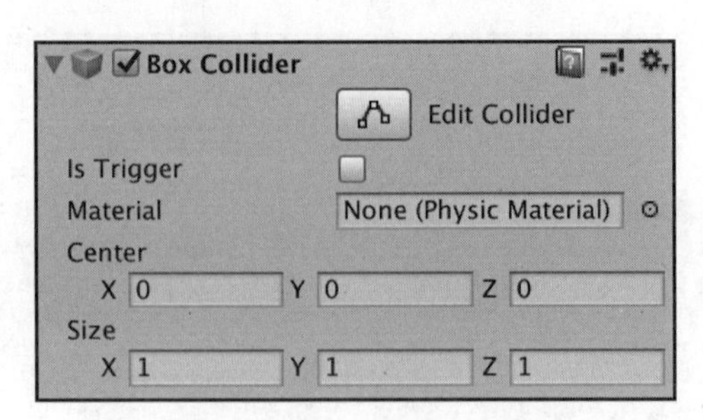

图 7-7　Collider 组件的属性

当两个游戏对象彼此碰撞时，Rigidbody 组件的属性决定了碰撞结果。举例来说，如果一个游戏对象的质量比另一个大，那么轻一点的那个会被弹开，就像现实生活中一样。Rigidbody 和 Collider 组件负责 Unity 中的所有物理交互。

在使用 Rigidbody 和 Collider 组件时有一些注意事项，下面使用 Unity 允许的移动类型的术语来进行解释。

- Kinematic 移动发生在添加了 Rigidbody 组件的游戏对象上，但没有向场景中的物体系统进行注册。这种行为仅仅在某些特定情形下使用，可以通过选中 Rigidbody 组件的 isKinematic 属性来启用。因为我们希望胶囊能够与物理系统进行交互，所以这里不会使用这种运动方式。
- Non-Kinematic 移动指的是通过施加力来对 Rigidbody 组件进行移动和旋转，而不是直接操作游戏对象的 transform 属性。我们的目标就是修改 PlayerBehavior 脚本以实现这种类型的移动。

提示：

我们现有的方式是操纵胶囊的 Transform 组件，同时使用 RigidBody 组件与物理系统进行交互，目的是想要在 3D 空间中考虑移动与旋转。然而，这并不意味着可以在实际产品中使用，并且 Unity 也建议避免在代码中混合使用 Kinematic 和 Non-Kinematic 移动方式。

7.3.1　刚体运动

由于为 Player 对象添加了 Rigidbody 组件，因此我们应该使用物理引擎来控制移动而不是直接进行移动和旋转。力的施加方式有两种：

- 直接使用 Rigidbody 类的 AddForce 和 AddTorque 方法分别移动或旋转对象。这种方式存在一些不足，通常需要编写额外的代码以修正非预期的物理行为。
- 使用其他的 Rigidbody 类方法，例如 MovePosition 和 MoveRotation 方法。这种方式依然会施加力，但是系统会在幕后处理好边界情形。

提示：

我们将选用第二种方式，如果对手动向游戏对象施加力与扭矩感兴趣，可以访问 https://docs.unity3d.com/ScriptReference/Rigidbody.AddForce.html 以获取相关知识。

以上任何一种方式都能给玩家带来更真实的感觉，并允许我们在第 8 章“编写游戏机制”中添加跳跃与冲刺机制。

实践：访问 Rigidbody 组件

我们首先需要从 Player 对象中获取并存储想要修改的 Rigidbody 组件。

(1) 按如下代码修改 PlayerBehavior 脚本：

```
public class PlayerBehavior : MonoBehaviour
{
  public float moveSpeed = 10f;
  public float rotateSpeed = 75f;

  private float vInput;
  private float hInput;

  // ①
     private Rigidbody _rb;
  // ②
     void Start()
     {
         // ③
         _rb = GetComponent<Rigidbody>();
     }

  void Update()
  {
      vInput = Input.GetAxis("Vertical") * moveSpeed;
      hInput = Input.GetAxis("Horizontal") * rotateSpeed;

      /* ④
        this.transform.Translate(Vector3.forward * vInput *
```

```
            Time.deltaTime);
            this.transform.Rotate(Vector3.up * hInput * Time.deltaTime);
            */
        }
    }
```

下面对上述代码进行解释。

① 添加一个私有的 Rigidbody 变量，用来存储胶囊的 Rigidbody 组件信息。

② Start 方法会在初始化脚本时触发，也就是单击 Play 按钮时。在初始化过程中，设置变量时都应该使用 Start 方法。

③ 使用 GetComponent 方法检查脚本上附加的对象是否包含指定的组件类型，在本例中也就是 Rigidbody 组件。如果找到了，就返回。如果没有找到，那么返回 null。但在这里，我们已经知道 Player 对象上附有 Rigidbody 组件。

④ 注释掉 Update 方法中对 Transform 和 Rotate 方法的调用，从而避免同时使用两种不同的控制方式。这里依然保留获取玩家输入的方式，以便后续继续使用。

实践：移动刚体

打开 PlayerBehavior 脚本，在 Update 方法中添加如下代码并保存文件。

```
// ①
void FixedUpdate()
{
    // ②
    Vector3 rotation = Vector3.up * hInput;

    // ③
    Quaternion angleRot = Quaternion.Euler(rotation *
Time.fixedDeltaTime);

    // ④
    _rb.MovePosition(this.transform.position +
this.transform.forward * vInput * Time.fixedDeltaTime);

    // ⑤
    _rb.MoveRotation(_rb.rotation * angleRot);
}
```

下面对上述代码进行解释。

① 任何物理的或 Rigidbody 相关的代码都要放在 FixedUpdate 方法中，而不是放在 Update 或其他 MonoBehaviour 方法中。

② 创建一个新的 Vector3 变量以存储左右旋转值。Vector3.up * hInput 与我们之前在 Rotate 方法中使用的旋转向量是相同的。

③ Quternion.Euler 接收一个 Vector3 变量作为参数并使用欧拉角的格式返回旋转值。

- 在 MoveRotation 方法中，我们需要使用 Quternion 值而不是 Vector3 变量，这是 Unity 首选的旋转类型的转换。
- 这里乘以 Time.fixedDeltaTime 的原因与在 Update 方法中乘以 Time.deltaTime 相同。

④ 调用_rb 组件的 MovePosition 方法，该方法将接收一个 Vector3 变量作为参数并施加相应的力。

- 使用的向量可以如下分解：胶囊的位置向量加上前向的方向向量与垂直输入和 Time.fixedDeltaTime 的乘积。
- Rigidbody 组件负责调整施加的力以满足输入的向量参数。

⑤ 调用_rb 组件的 MoveRotate 方法，该方法也将接收一个 Vector3 变量作为参数并施加相应的力。angleRot 已经包含来自键盘的水平输入，所以只需要将当前 Rigidbody 组件的旋转值乘以 angleRot 就能得到同样的左右旋转值。

刚刚发生了什么

如果现在运行游戏，就会发现玩家已经可以向着你看的方向前后移动了，同时还能沿着 y 轴进行旋转。施加的力提供了相比直接平移/旋转更强大的效果，所以你需要调整好 Inspector 面板中的 moveSpeed 和 rotateSpeed 变量。至此，我们重建了之前已有的移动模式，并且拥有了更真实的物理效果。

提示：

如果跑上坡道或者从中央平台落下，就会看见玩家飞到空中或者缓慢落至地面。即使为 Rigidbody 组件设置了重力，效果也很弱。在第 8 章，当实现跳跃机制时，我们会为 Player 对象应用我们自己实现的重力。

7.3.2　碰撞体和碰撞

Collider 组件不仅仅使游戏对象能被 Unity 的物理系统认知到，也使交互和碰撞成为可能。可将碰撞体想象为围绕在游戏对象周围的不可见力场；取决于设置，它们可能被通过，也可能被撞上，并且有一系列方法会在发生不同的交互行为时触发。

提示：

Unity 的物理系统针对 2D 或 3D 游戏的工作方式有所不同，本书只考虑 3D 相关主题。如果对 2D 游戏制作感兴趣，可以了解一下 Rigidbody2D 组件以及可用的 2D 碰撞体。

Pickup_Prefab 对象层次中的 Capsule 对象如图 7-8 所示。

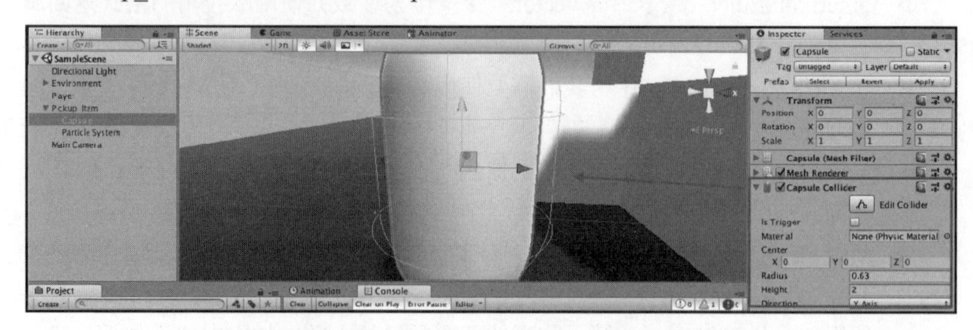

图 7-8　Pickup_Prefab 对象层次中的 Capsule 对象

Capsule 对象周围的绿色形状是 Capsule Collider，可以通过 Center、Radius、Height 等属性进行移动和缩放。当创建基础图元时，碰撞体默认与图元形状匹配；因为现在创建了 Capsule 图元，因此也会同时创建 Capule Collider。

碰撞体还支持 Box、Sphere 和 Mesh 形状，可以手动从 Compoent | Physics 菜单或单击 Inpector 面板中的 Add Component 按钮进行添加。

当碰撞体与其他对象触发某种联系时，就会发出所谓的消息或广播。当碰撞体发送消息时，任何添加了一或多个此类方法的脚本将收到通知。这就是事件(Event)，我们将在第 12 章中进行介绍。

举个例子，当两个带有碰撞体的游戏对象碰在一起时，它们都会发送 OnCollisionEnter 消息，其中包含将要碰到的对象的引用。这种消息可用于各种交互式事件，比如拾取物品。

提示：

完整的碰撞体通知列表可以参考网址 https://docs.unity3d.com/ScriptReference/Collider.html。仅当碰撞体之间满足特定的组合时，才会发送碰撞和触发器事件。这种特定的组合由碰撞体、触发器、刚体以及是否为运动学对象这一条件构成。详细信息可以参考网址 https://docs.unity3d.com/Manual/CollidersOverview.html。

实践：拾取物品

为了给 Pickup_Item 更新碰撞逻辑，需要执行以下步骤。

(1) 在 Scripts 文件夹中创建一个新的 C#脚本，命名为 ItemBehavior，然后拖放至场景中 Pickup_Item 预制体之下的 Capsule 对象上，如图 7-9 所示。注意，任何使用了碰撞检测的脚本都必须被附加到包含了 Collider 组件的游戏对象上，即使是预制体的子对象。

(2) 使用 Pickup_Item 更新根预制体。

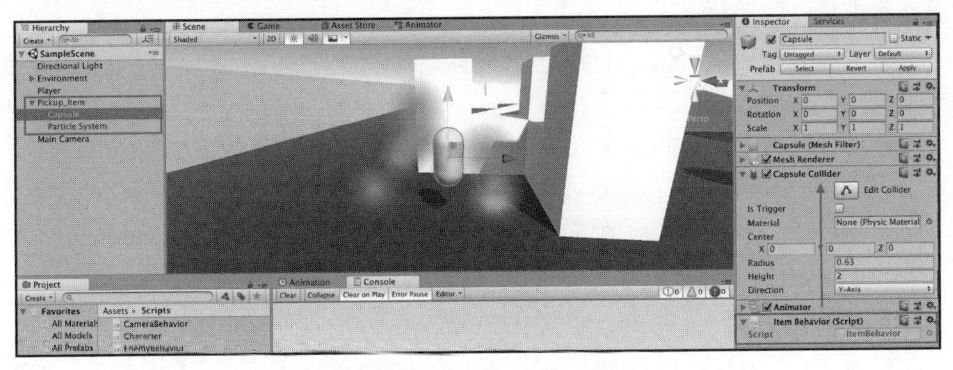

图 7-9　附加到 Capsule 对象上的 ItemBehavior 脚本

(3) 在 ItemBehavior 脚本中添加如下代码并保存：

```
public class ItemBehavior : MonoBehaviour
{
    // ①
    void OnCollisionEnter(Collision collision)
    {
        // ②
        if(collision.gameObject.name == "Player")
        {
            // ③
            Destroy(this.transform.parent.gameObject);
            // ④
            Debug.Log("Item collected!");
        }
    }
}
```

(4) 单击 Play 按钮，移动玩家至胶囊处并捡起胶囊！

下面对步骤(3)中的代码进行解释。

① 当把另一个对象移至 Pikcup_Item 且 isTrigger 处于关闭状态时，Unity 会自动

调用 OnCollisionEnter 方法。

- OnCollisionEnter 方法有一个参数用于存储 Collider 引用。
- 注意 collision 变量的类型是 Collision 而不是 Collider。

② Collision 类的 gameObject 属性用于保存对 GameObject 碰撞体的引用。可以使用 gameObject 属性获取游戏对象的名称并使用 if 语句检查碰撞体是否是 Player 对象。

③ 如果碰撞体是 Player 对象，就调用 Destroy 方法，该方法接收一个游戏对象作为参数。

- 我们必须使整个 Pickup_Item 对象被销毁，而不仅仅是销毁 Capsule 对象。
- 因为 ItemBehaivor 脚本被附加到了 Capsule 对象上，而 Capsule 对象又是 Pickup_Item 对象的子对象，所以可以使用 this.transform.parent.gameObject 将 Pickup_Item 对象销毁。

④ 向控制台打印一条日志，指明已经收集了道具，如图 7-10 所示。

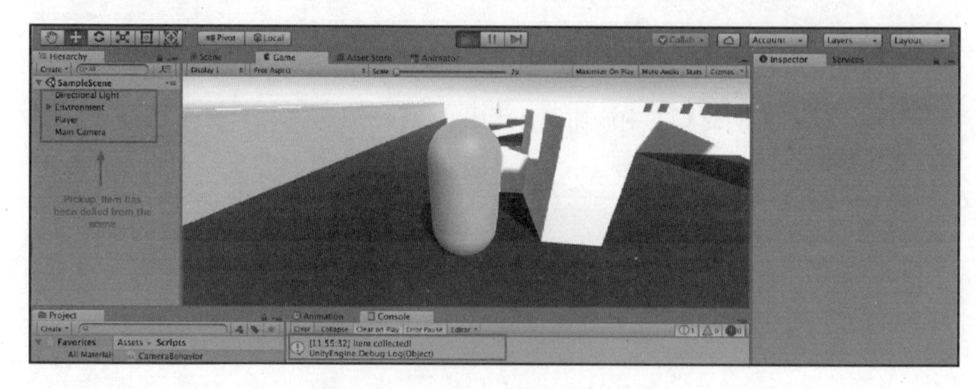

图 7-10　拾取道具后的控制台输出

刚刚发生了什么

我们在本质上相当于将 ItemBehavior 脚本设置为监听与 Pickup_Item 预制体的 Capsule 子对象发生的任何碰撞。每当发生碰撞时，ItemBehavior 脚本就会使用 OnCollisionEnter 方法检查碰撞对象是否为 Player 对象。如果是，就销毁(或收集)。如果感到困惑，请将编写的碰撞相关代码当作来自 Pickup_Item 预制体的通知的接收者；每当胶囊被碰撞时，就会触发这些代码。

提示：

也可以创建类似的包含 OnCollisionEnter 方法的脚本并附加到 Player 对象上，然后检测是否与 Pickup_Item 预制体发生了碰撞。碰撞逻辑取决于碰撞对象的角度。

7.3.3 使用碰撞体触发器

默认情况下，碰撞体的 isTrigger 属性并未启用，物理系统会把这些碰撞体视为实体。然而，某些情况下我们需要使游戏对象可以穿过碰撞体，触发器就是为了处理这种情况而存在的。当 isTrigger 属性被启用后，游戏对象就可以穿过碰撞体，但发送的通知会变为 OnTriggerEnter、OnTriggerExit 和 OnTriggerStay。

触发器多用于检测游戏对象是否进入某个特定区域或通过某个点。可使用触发器在敌人周围设置警戒区域，如果玩家进入触发区域，敌人就会受到惊扰，然后开始攻击玩家。

实践：创建敌人

为了创建敌人，需要执行以下步骤：

(1) 在 Hierarchy 面板中使用 Create | 3D Object | Capsule 创建一个新的 Capsule 图元，命名为 Enemy。

(2) 在 Materials 文件夹中使用 Create | Material 创建一个材质，命名为 Enemy_Mat，设置 Albedo 属性为亮红色。然后拖动 Enemy_Mat 材质至 Enemy 游戏对象上。

(3) 选中 Enemy 游戏对象，单击 Add Component 按钮并搜索 Sphere Collider，然后按 Enter 键进行添加。选中 is Trigger 复选框并将 Radius 设置为 8，如图 7-11 所示。

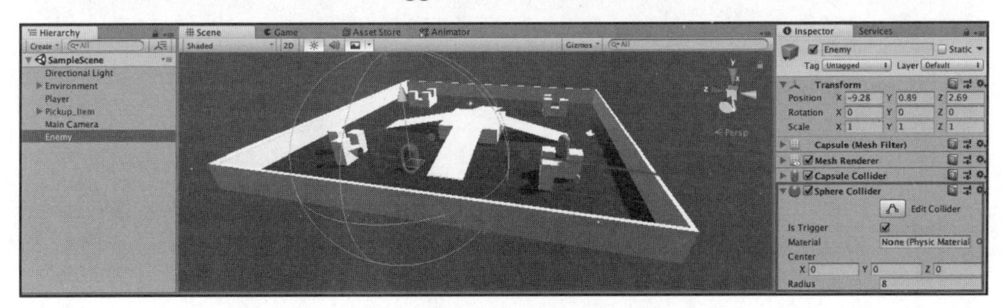

图 7-11　设置 Sphere Collider 的半径为 8

刚刚发生了什么

新建的 Enemy 游戏对象现在围绕着一个半径为 8 的球形触发器。任何时候，当另一个对象进入、停留或离开时，Unity 都会发送能够被捕获到的通知，就像处理碰撞时一样。

实践：捕获触发器事件

为了捕获触发器事件，需要执行如下步骤：

(1) 在 Scripts 文件夹中创建一个新的 C#脚本，命名为 EnemyBehavior，然后拖动至 Enemy 游戏对象上。

(2) 添加如下代码并保存文件。

```
public class EnemyBehavior : MonoBehaviour
{
    // ①
    void OnTriggerEnter(Collider other)
    {
        // ②
        if(other.name == "Player")
        {
        Debug.Log("Player detected - attack!");
        }
    }

    // ③
    void OnTriggerExit(Collider other)
    {
        // ④
        if(other.name == "Player")
        {
            Debug.Log("Player out of range, resume patrol");
        }
    }
}
```

(3) 单击 Play 按钮，走向 Enemy 游戏对象以触发第一个通知，然后远离 Enemy 游戏对象以触发第二个通知。

下面对步骤(2)中的代码进行解释。

① 任何时候，当一个对象进入 Enemy 游戏对象的球形触发器时，OnTriggerEnter 方法就会被触发。

- 类似于 OnCollisionEnter 方法，OnTriggerEnter 方法的参数用于存储对象的 Collider 组件的引用。
- 注意参数对象的类型是 Collider 而不是 Collision。

② 使用 other 获取碰撞体对象的名称并使用 if 语句检查是不是 Player 对象。如果

是，就输出 Player 对象位于危险区域的提示信息，如图 7-12 所示。

③ 当对象离开 Enemy 游戏对象的球形触发器时，触发 OnTriggerExit 方法。

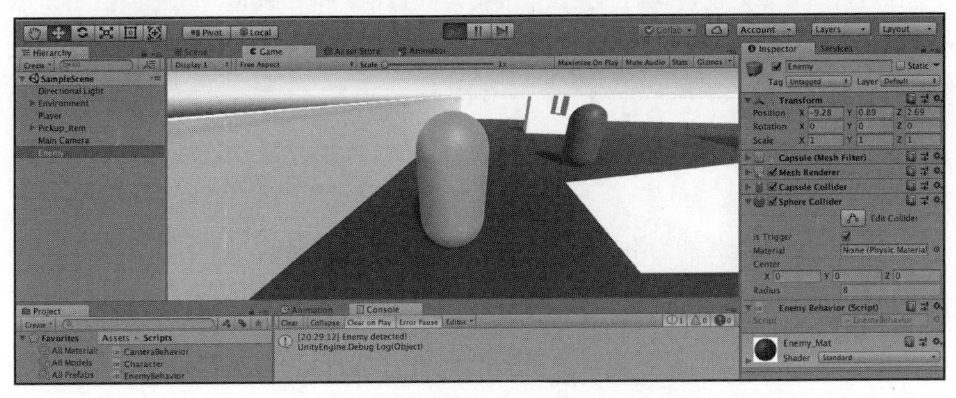

图 7-12　当玩家靠近敌人时显示的提示信息

④ 使用 if 语句按名称检查离开球形触发器的对象。如果是 Player 对象，就将另一条信息打印到控制台，指示玩家现在是安全的，如图 7-13 所示。

图 7-13　玩家离开敌人时的提示信息

刚刚发生了什么

Enemy 游戏对象的球形触发器会在自身被侵入时发送通知，EnemyBehavior 脚本将捕获这些事件。任何时候，当玩家进入或离开球形触发器时，都会在控制台中打印调试日志以确保代码正常工作。第 9 章将继续以此为基础进行扩展。

提示：

Unity 利用了一种称为组件的设计模式。这里不涉及过多细节，简单来讲就是对象(以及类)应该负责自己的行为。正因为如此，我们才能将可拾取道具和 Player 对象的碰撞脚本分开，而不是使用单独的类处理所有事情。更多相关信息详见第 12 章。

在进入第 8 章之前，我们需要做些准备。将 Player 和 Enemy 对象拖放至 Prefabs 文件夹，从现在起，你将始终需要单击 Inspector 面板中的 Apply 按钮以应用对这些游戏对象所做的修改。

7.3.4 总结

- Rigidbody 组件能为附加到的对象添加真实的物理模拟。
- Collider 组件之间可以相互交互，并且 Collider 组可以作为对象与 Rigidbody 组件进行交互。
  - 如果 Collider 不是触发器，那么行为看起来就像实际存在的物体。
  - 如果 Collider 是触发器，那么可以轻松被穿过。
- 如果一个对象使用了 Rigidbody 组件但没有启用 isKinematic 属性，那么得到的就是运动学效果，因为物理系统会忽略这个对象。
- 如果一个对象使用了 Rigidbody 组件并且施加了力和扭矩，那么得到的将是非运动学效果。
- 碰撞体基于交互行为发送通知。
  - 这些通知取决于碰撞体是否被设置为触发器。
  - 碰撞的任何一方都可以接收通知，并且都包含一个保存了对象碰撞信息的引用变量。

7.4 小测验——玩家控制与物理系统

1. 可以使用什么数据类型来存储三维的移动和旋转信息？
2. 哪些 Unity 内置组件可以用来追踪并修改玩家控制？
3. 使用哪个组件可以给游戏对象添加真实的物理效果？
4. Unity 建议使用游戏对象的什么方法来执行物理相关的代码？

7.5 本章小结

在本章，你创建了自己的第一款游戏，并积累了一定的经验。现在，你已经能够使用向量和基本的向量运算来确定 3D 空间中的位置和角度，并且熟悉了玩家输入以及移动和旋转 GameObject 的两种主要方法。你甚至深入接触了 Unity 的物理系统，熟悉了刚体、碰撞、触发器以及事件通知等知识。总而言之，你为 Hero Born 游戏开了个好头。

第 8 章将开始处理更多的游戏机制，包括跳跃、冲刺、射击以及与环境中的各个部分进行交互。

第 8 章

编写游戏机制

在第 7 章，我们专注于通过代码来移动玩家和相机，同时了解了与 Unity 的物理系统相关的一些知识。然而，仅仅控制角色并不足以制作出具有竞争力的游戏；事实上，这只是各种不同游戏中都会存在的主题之一。

游戏的独特性来自游戏的核心机制以及这些机制赋予玩家的力量感与代入感。

虚拟环境若不具有任何乐趣和可玩性，游戏便不值得重复玩耍，更不用说带来趣味了。当尝试实现游戏机制时，我们还会进一步学习 C#的编程知识以及一些中级特性。

本章将完成 Hero Born 游戏原型的制作，其中包含如下主题：

- 通过施加力来添加跳跃。
- 理解层遮罩。
- 初始化对象和预制体。
- 理解游戏管理器。
- 理解 get 和 set 属性。
- 计算分数。
- 编写 UI。

8.1 添加跳跃

使用 Rigidbody 组件控制玩家移动带来的好处是，添加依赖于施加力的游戏机制将变得很容易，例如跳跃。为了使玩家能够跳跃，本节将使用称为枚举的数据类型，并且编写第一个工具函数。

提示：

工具函数是用来执行一些杂事的类方法，能使游戏代码不那么混乱。例如，检查玩家是否接触地面，从而进行跳跃(或提示)。

8.1.1 了解枚举

根据定义，枚举是属于同一变量的具名常量的集合。当需要使用一系列不同的值，而这些值又属于相同的父类型时，枚举十分有用。

与进行描述相比，直接进行展示能让枚举理解起来更为容易。枚举的语法如下：

```
enum PlayerAction { Attack, Defend, Flee };
```

下面分步解释枚举是如何起作用的。

- 关键字 enum 声明了后面变量的类型。
- 枚举包含的值位于花括号中，使用逗号分隔(最后一个值除外)。
- 枚举必须以分号结尾，就像之前使用的所有其他类型一样。

例如，使用如下语法就可以声明一个枚举变量：

```
PlayerAction currentAction = PlayerAction.Defend;
```

解释如下：

- 类型是 PlayerAction。
- 枚举变量包含名称并等价于 PlayerAction 的某个值。
- 每个枚举常量都可以通过点符号来访问。

底层类型

枚举关联着底层类型，这意味着花括号内的每个常量值都有关联值。默认的底层类型是 int，初始值为 0，就像数组一样，各个枚举常量按顺序获得下一个更大的值。

注意：

并非所有类型都相同。枚举可以使用的底层类型已被限制为 byte、sbyte、short、ushort、int、uint、long 和 ulong。这些类型被称为整型，用来指定变量可以存储的数值的大小。这些内容超出了本书的讨论范围，大部分情况下使用 int 类型即可。关于这些类型的更多信息，可以通过网址 https://docs.microsoft.com/en-us/dotnet/csharp/language-reference/keywords/enum 找到。

例如，假设 PlayerAction 枚举的值现在如下所示：

```
enum PlayerAction { Attack = 0, Defend = 1, Flee = 2 };
```

这里并无规则限制底层类型的值必须起始于 0；实际上，只需要指定第一个值，C#就会自动递增其余的值：

```
enumPlayerAction { Attack = 5, Defend, Flee };
```

在以上示例中，Defend 自动等于 6，Flee 自动等于 7。但是，如果需要使 PlayerAction 枚举包含不连续的值，那么需要显式地添加它们：

```
enum PlayerAction { Attack = 10, Defend = 5, Flee = 0};
```

你甚至可以改变 PlayerAction 的底层类型至任何支持的类型，只需要在枚举名的后面添加一个冒号即可：

```
enum PlayerAction : byte { Attack, Defend, Flee };
```

为了获取枚举的底层类型，需要执行显式的类型转换，我们已经介绍过这些内容，因此下面的语法不足为奇：

```
enum PlayerAction { Attack = 10, Defend = 5, Flee = 0};


PlayerAction currentAction = PlayerAction.Attack;
int actionCost = (int)currentAction;
```

枚举是编程领域中功能极为强大的工具，请一定熟练掌握。

实践：按空格键使玩家跳跃

你现在已经对枚举有了基本了解，下面使用枚举 KeyCode 来获取键盘输入。按如下代码修改 PlayerBehavior 脚本，保存并单击 Play 按钮：

```
public class PlayerBehavior : MonoBehaviour
{
  public float moveSpeed = 10f;
  public float rotateSpeed = 75f;
```

```
// ①
public float jumpVelocity = 5f;

private float vInput;
private float hInput;

private Rigidbody _rb;

void Start()
{
    _rb = GetComponent<Rigidbody>();
}

void Update()
{
    vInput = Input.GetAxis("Vertical") * moveSpeed;
    hInput = Input.GetAxis("Horizontal") * rotateSpeed;

    // ②
    if(Input.GetKeyDown(KeyCode.Space))
    {

        // ③
        _rb.AddForce(Vector3.up * jumpVelocity,
        ForceMode.Impulse);
    }

   //this.transform.Translate(Vector3.forward * vInput *
     Time.deltaTime);
   //this.transform.Rotate(Vector3.up * hInput *
     Time.deltaTime);
  }

  void FixedUpdate()
```

```
    {
        // ... No changes needed ...
    }
}
```

下面对上述代码进行解释。

① 创建一个变量来保存施加的跳跃力的大小，可以在 Inspector 面板中进行调整。

② 指定的键位被按下后，Input.GetKeyDown 方法将返回一个布尔值。

- GetKeyDown 方法接收一个键位参数，可以是字符串或 KeyCode，其中 KeyCode 是枚举类型。可使用 KeyCode.Space 方法对指定的键位进行检测。
- 使用 if 语句检查 GetKeyDown 方法的返回值。如果返回 true，则执行 if 语句的语句体。

③ 由于已经保存了 Rigidbody 组件，因此可以将 Vector3 和 ForceMode 参数传入 Rigidbody.AddForce 方法以使玩家跳跃。

- 向量(或施加的力)应该沿着 up 方向并乘以 jumpVelocity。
- ForceMode 参数也是枚举类型，它决定了力是如何施加的。Impulse 表示给对象传递考虑了物体质量的即时力，这对跳跃机制来说很完美。

提示：

ForceMode 的其他选项在其他情形下也很有用，详见 https://docs.unity3d.com/ScriptReference/ForceMode.html。

刚刚发生了什么

如果运行游戏，现在就可以向四周移动并且按下空格键来使玩家跳跃。但是，现在的机制会让玩家无限次地进行跳跃，这不是我们想要的结果。8.1.2 节将使用层遮罩来限制跳跃次数为单次。

8.1.2　使用层遮罩

层遮罩可以理解为用来归类游戏对象的不可见分组，Unity 的物理系统将使用这些分组来决定从寻路到碰撞体相交的一切表现。关于层遮罩的更多使用方式超出了本书的讨论范围，我们将创建并使用一个层级来执行简单的检查——检查玩家是否触地。

实践：设置对象层级

在检查玩家是否触地前，首先把关卡中的所有对象添加到自定义的层遮罩中。这样就可以利用玩家对象上已有的 Capsule Collider 来执行碰撞计算。

(1) 选中 Hierarchy 面板中的任意对象并选择 Layer | Add Layer，如图 8-1 所示。

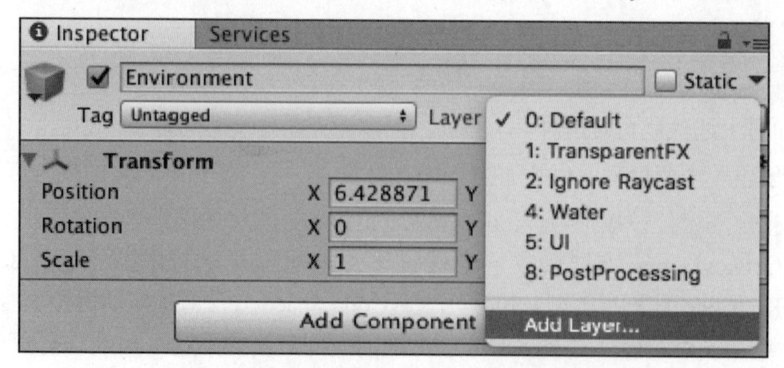

图 8-1　选择 Layer 弹出菜单中的 Add Layer 选项

(2) 向可用的第一个位置添加一个新的层级，命名为 Ground，如图 8-2 所示。

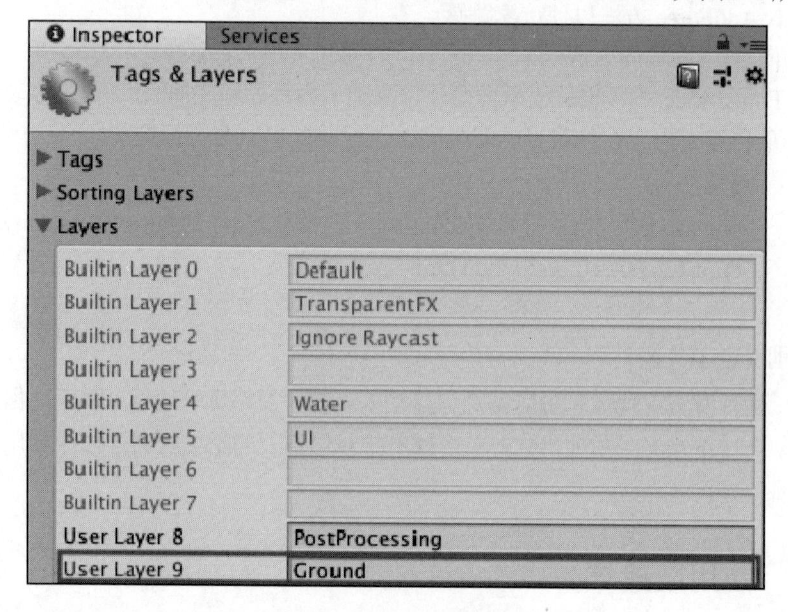

图 8-2　添加新的层级

(3) 在 Hierarchy 面板中选中父对象 Enviroment，选择 Layer | Ground，如图 8-3 所示。当弹出提示框询问是否应用至所有子对象时，单击 Yes 按钮。

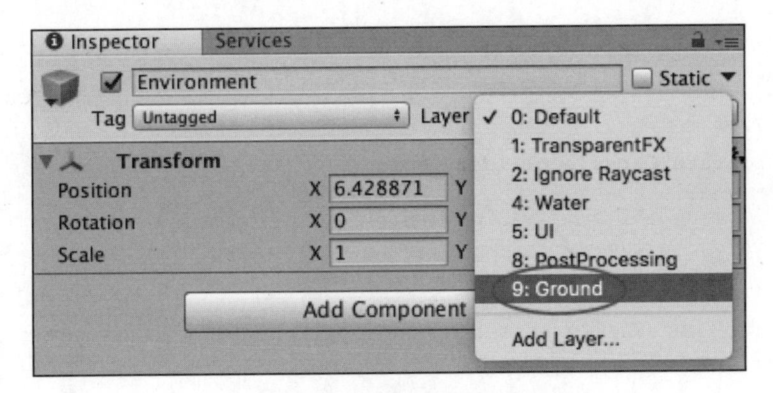

图 8-3　选择新创建的 Ground 层级

刚刚发生了什么

默认情况下，Unity 引擎使用了层级 0~7，在剩下的 24 个位置可以自定义层级。这里定义了一个新的名为 Ground 的层级并将 Enviroment 对象的所有子对象添加到了这个层级中。之后就可以检查处于 Ground 层级的所有对象是否与某个指定的物体相交了。

实践：限制重复跳跃

由于不想使 Update 方法变得混乱不堪，因此我们将层遮罩的相关计算写到一个工具函数中，并根据结果返回 true 或 false。

(1) 添加如下代码至 PlayerBehavior 脚本并运行游戏：

```
public class PlayerBehavior : MonoBehaviour
{
    public float moveSpeed = 10f;
    public float rotateSpeed = 75f;
    public float jumpVelocity = 5f;

    // ①
    public float distanceToGround = 0.1f;

    // ②
    public LayerMask groundLayer;

    private float _vInput;
    private float _hInput;
```

```
private Rigidbody _rb;

// ③
private CapsuleCollider _col;

void Start()
{
    _rb = GetComponent<Rigidbody>();

    // ④
    _col = GetComponent<CapsuleCollider>();
}

void Update()
{
    _vInput = Input.GetAxis("Vertical") * moveSpeed;
    _hInput = Input.GetAxis("Horizontal") * rotateSpeed;

    // ⑤
    if(IsGrounded() && Input.GetKeyDown(KeyCode.Space))
    {
        _rb.AddForce(Vector3.up * jumpVelocity,
            ForceMode.Impulse);
    }
}
void FixedUpdate()
{
   // ... No changes needed ...
}

// ⑥
    private bool IsGrounded()
    {
        // ⑦
        Vector3 capsuleBottom = new
```

```
            Vector3(_col.bounds.center.x, _col.bounds.min.y,
               _col.bounds.center.z);
            // ⑧
            Bool grounded =Physics.CheckCapsule(_col.bounds.center,
                 capsuleBottom,distanceToGround, groundLayer,
                 QueryTriggerInteraction.Ignore);
            // ⑨
           return grounded;
      }
  }
```

(2) 在 Inspector 面板中设置 Ground Layer 为 Ground，如图 8-4 所示。

图 8-4　设置 PlayerBehavior 脚本中的 Ground Layer

下面对步骤(2)中的代码进行解释。

① 创建一个 float 变量来保存任意处于 Ground 层级的对象与 Player 对象的 CapsuleCollider 组件之间的距离。

② 创建一个 LayerMask 变量来进行碰撞检测，可以在 Inspector 面板中进行设置。

③ 创建一个私有变量来保存玩家的 CapsuleCollider 组件。

④ 使用 GetComponent()方法查找并返回 Player 对象上挂载的 CapsuleCollider 组件。

⑤ 修改 if 语句，在执行跳跃之前检查 IsGrounded 方法是否返回 true 以及空格键是否被按下。

⑥ 声明将会返回一个布尔值的 IsGrounded 方法。

⑦ 创建一个 Vector3 局部变量来保存 Player 对象的 CapsuleCollider 组件的底部位置，我们将使用该位置判定与 Ground 层级中的对象发生的碰撞。

- 所有 Collider 组件都包含 bounds 属性，可以通过 min、max 和 center 子属性来访问最小点、最大点和中心位置。
- 碰撞体的底部是指三维空间中的点坐标(center.x, min.y, center.z)。

⑧ 创建一个布尔局部变量来保存从 Physics 类调用的 CheckCapsule 方法的结果，该方法接收如下 5 个参数：

- 胶囊的起始位置，可设置为碰撞体的中心位置，因为我们只关心胶囊的底部是否接触地面。
- 胶囊的结束位置，可传入已经计算好的 capsuleBottom。
- 胶囊的半径，可传入 distanceToGround。
- 想要用来检查碰撞的层遮罩，可传入 Inspector 面板中已经设置好的 groundLayer。
- 触发器的查询行为决定了 CheckCapsule 方法是否忽略设置为触发器的碰撞体。因为不需要检查触发器，所以使用枚举 QueryTriggerInteraction.Ignore。

⑨ 计算结束，返回 grounded 中存储的结果。

注意：

也可以自行实现碰撞计算，但我们现在并无时间介绍所需的数学知识，况且使用内置 API 往往是更好的选择。

刚刚发生了什么

添加至 PlayerBehavior 脚本的方法有些晦涩难懂，但分解后，我们发现要做的事情只是使用一个来自 Physics 类的方法。用简单的语言解释就是，我们向 CheckCapsule 方法提供了起点和终点、碰撞半径以及层遮罩。如果终点位置与 Ground 层级中的某个物体之间的距离小于碰撞半径，CheckCapsule 方法就返回 true，这意味着玩家触地了。若玩家正处于跳跃过程中，CheckCapsule 方法就返回 false。因为每一帧都将在 Update 方法中使用 if 语句检查 IsGround，因此只有当玩家触地时，才允许进行跳跃。

8.2 发射投射物

射击机制在游戏中十分常见，第一人称射击游戏中必然包含射击机制的某些变种，Hero Born 游戏也不例外。本节将讨论如何在游戏运行时从预制体实例化游戏对象以及利用 Unity 的物理系统将这些对象向前射出。

8.2.1 实例化对象

在游戏中实例化游戏对象的概念与实例化类相同——都需要某个初始值，这样 C# 才知道需要创建什么对象以及在何处创建。在场景中实例化游戏对象时，可以使用 Instantiate 方法简化整个流程，只需要提供预制体对象、起始位置以及朝向即可。实际上，也可以使用 Unity 创建包含所需脚本和组件的对象，使之朝向指定的方向，然后在 3D 空间中按需进行调整。

实践：创建投射物预制体

在射击任何投射物之前，首先需要创建预制体。

(1) 在 Hierarchy 面板中使用 Create | 3D Object | Sphere 创建一个球体，命名为 Bullet。然后修改 Transform 组件的各个轴的缩放值均为 0.15。

(2) 单击 Add Component 按钮，查找并添加 Rigidbody 组件，保留默认设置即可。

(3) 使用 Create | Material 在 Materials 文件夹中创建一个新的材质，命名为 Orb_Mat。

- 修改 Albedo 属性为深黄色。
- 将 Orb_Mat 材质拖曳至 Bullet 对象上。

(4) 拖放 Bullet 对象至 Prefabs 文件夹，如图 8-5 所示。

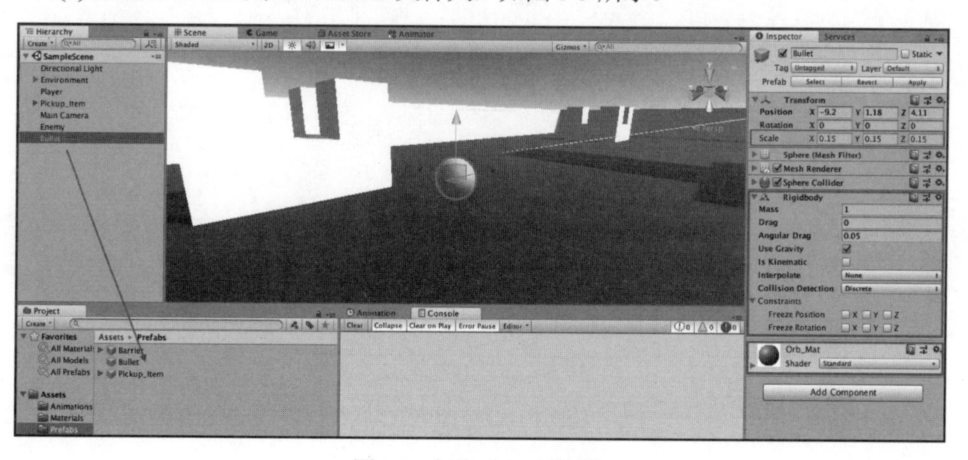

图 8-5 创建 Bullet 预制体

刚刚发生了什么

我们创建并配置了 Bullet 预制体，这个预制体在游戏中可以实例化任意多次，并且可按需进行修改。

实践：添加射击机制

现在已经有可用的预制体了，在任何时候，当按下鼠标左键进行射击时，都可以实例化并移动预制体的副本。

(1) 按如下代码修改 PlayerBehavior 脚本：

```
public class PlayerBehavior : MonoBehaviour
{
    public float moveSpeed = 10f;
    public float rotateSpeed = 75f;
    public float jumpVelocity = 5f;
    public float distanceToGround = 0.1f;
    public LayerMask groundLayer;

    // ①
    public GameObject bullet;
    public float bulletSpeed = 100f;

    private float _vInput;
    private float _hInput;
    private Rigidbody _rb;
    private CapsuleCollider _col;

    void Start()
    {
        // ... No changes needed ...
    }

    void Update()
    {
        // ... No changes needed ...
    }

    void FixedUpdate()
    {
        Vector3 rotation = Vector3.up * _hInput * Time.fixedDeltaTime;
```

```
        Quaternion deltaRotation = Quaternion.Euler(rotation);

        _rb.MovePosition(this.transform.position +
          this.transform.forward * _vInput * Time.fixedDeltaTime);
        _rb.MoveRotation(_rb.rotation * deltaRotation);

        // ②
        if (Input.GetMouseButtonDown(0))
        {
            // ③
            GameObject newBullet = Instantiate(bullet,
                this.transform.position,
                this.transform.rotation) as GameObject;

            // ④
            Rigidbody bulletRB = newBullet.GetComponent<Rigidbody>();

            // ⑤
            bulletRB.velocity = this.transform.forward * bulletSpeed;
        }
    }

    private bool IsGrounded()
    {
        // ... No changes needed ...
    }
}
```

(2) 拖动 Bullet 预制体到 PlayerBehavior 脚本的 Inspector 面板中的 Bullet 属性上，如图 8-6 所示。

图 8-6　设置 Bullet 属性

(3) 运行游戏并使用鼠标左键向玩家开火！

下面对步骤(2)中的代码进行解释。

① 创建两个公共变量：一个用来保存 Bullet 预制体；另一个用来保存子弹的速度。

② 使用 if 语句检查 Input.GetMouseButtonDown 方法是否返回 true，就像之前检查 Input.GetKeyDown 方法一样。GetMouseButtonDown 方法接收一个 int 类型的参数，这个参数的值决定了想要检测的鼠标按键：0 表示左键，1 表示右键，2 表示中键或滚轮。

③ 每当鼠标左键被按下时，就创建一个 GameObject 局部变量。

- 使用 Instantiate 方法为 newBullet 变量赋值，向该方法传入 Bullet 预制体，并以胶囊的位置和旋转作为起始值。
- 添加 as GameObject 以显式地转换所返回对象的类型，从而与 newBullet 的类型一致。

④ 调用 GetComponent 方法以返回 newBullet 上的 Rigidbody 组件并保存。

⑤ 设置 Rigidbody 组件的 velocity 属性为玩家的 tranform.forward 方向乘以 bulletSpeed。通过直接修改 velocity 而不是使用 AddForce 方法，可以确保开火时重力不会使弹道下坠为弧形。

8.2.2　管理游戏对象的创建

无论是编写应用还是 3D 游戏，都需要确保定期删除未使用的对象以避免程序过载。子弹在射出后就不那么重要了，但此类对象仍存在于关卡中与其发生碰撞的对象和墙体的附近。这种射击机制会导致场景中存在成百上千颗子弹，这不是我们想要的效果。

实践：销毁子弹

为了达到目的，我们可以想办法让子弹执行自身的销毁行为。

(1) 在 Scripts 文件夹中创建一个新的 C#脚本，命名为 BulletBehavior。

(2) 拖放 BulletBehavior 脚本至 Prefabs 文件夹中的 Bullet 预制体上。

(3) 在 BulletBehavior 脚本中添加如下代码：

```
public class BulletBehavior : MonoBehaviour
{
    // ①
    public float onscreenDelay = 3f;

    void Update ()
    {
        // ②
        Destroy(this.gameObject, onscreenDelay);
    }
}
```

下面对步骤(3)中的代码进行解释。

① 声明一个 float 变量来保存 Bullet 预制体实例化之后要在场景中保留的时间。

② 使用 Destroy 方法删除 GameObject。

- Destroy 方法始终需要一个对象作为参数，在本例中，可使用 this 关键字指定脚本被附加到的对象。
- Destroy 方法还能使用可选的 float 参数来表示延迟时间，从而使子弹在屏幕上保留一小段时间。

刚刚发生了什么

Bullet 预制体会在指定的延迟时间过后从场景中销毁自身。这意味着子弹会执行自身定义的行为，无须其他脚本干预，这是对“组件”设计模式的理想应用。第 12 章将讨论更多相关内容。

8.3 游戏管理器

学习编程的常见误区是把所有变量都设置为公共的。根据经验，首先应考虑将变量设为受保护的或私有的，仅当必要时再设为公共的。有经验的程序员会通过管理类来保护数据，为了养成好习惯，我们也会这样做。可以将管理类理解为安全访问重要变量和方法的通道。

在编程中讨论安全性听起来有些奇怪。然而，当不同的类互相访问并更新数据时，事情会变得一团糟。只保留单个诸如管理类的联系点，可使影响变得最小。

8.3.1 维护玩家属性

Hero Born 是一款十分简单的游戏，需要维护的数据只有两项：一是玩家收集了多少物品；二是玩家还剩多少生命值。可将这些变量设为私有的，使它们只能由管理类修改以保证受控且安全。

实践：创建游戏管理器

游戏管理类对于将来开发任何项目都是必需的，我们先来学习如何合适地创建游戏管理类。

(1) 在 Scripts 文件夹中创建一个新的 C#脚本，命名为 GameBehavior。通常来说，这个脚本应该命名为 GameManager，但是 Unity 保留了这个名称供自己使用。

(2) 在 Hierarchy 面板中使用 Create | Create Empty 创建一个空对象并命名为 GameManager。然后向 GameManager 空对象附加 GameBehavior 脚本，如图 8-7 所示

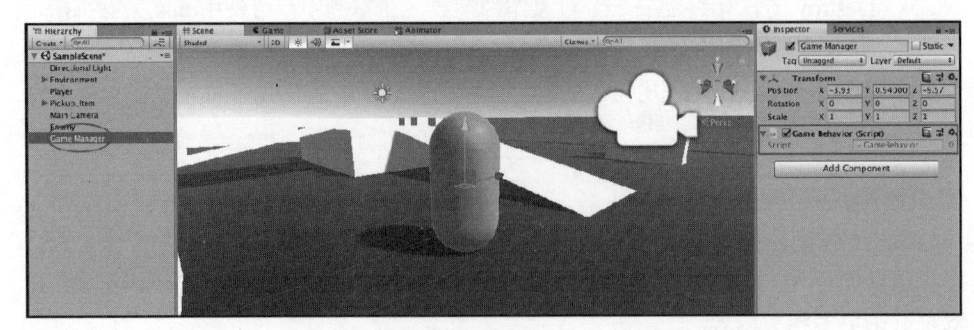

图 8-7　附加了 GameBehavior 脚本的 GameManager 空对象

提示：

管理类脚本以及其他非游戏文件通常会被附加到空对象上，以便能够存在于场景中，即使不与 3D 空间实际发生交互。

(3) 添加如下代码至 GameBehavior 脚本中：

```
public class GameBehavior : MonoBehaviour
{
    private int _itemsCollected = 0;
    private int _playerHP = 10;
}
```

上述代码添加了两个私有变量来保存拾取的物品数量以及玩家剩余的生命值，设置为私有的是因为它们只能由 GameBehavior 类修改。如果设为公共的，其他类可能会修改它们，导致其中存储的数据不正确。

8.3.2 get 和 set 属性

我们已经设置好了管理类脚本与私有变量，如何从其他类访问这些私有变量呢？我们可以通过向 GameBehavior 类添加不同的公共方法来向私有变量传递新值，但是还有没有更好的办法呢？

在这种情况下，C#为所有变量提供了 get 和 set 属性，从而完美地满足了现在的需求。可以将这些属性理解为由 C#编译器自动触发的方法，而无论是否显式地调用它们，就像场景刚开始时 Unity 自动执行的 Start 和 Update 方法一样。

get 和 set 属性能被添加至任何变量，包含或不包含初始值皆可：

```
public string firstName { get; set; };
```

或

```
public string lastName { get; set; } = "Smith";
```

然而，仅仅这样使用没有任何附加效果；为此，需要让每个属性包含一个代码块。

```
public string FirstName
{
    get {
        // Code block executes when variable is accessed
    }
```

```
    set {
        // Code block executes when variable is updated
    }
}
```

现在，根据变量使用的位置，get 和 set 属性会执行附加逻辑。由于还没有完成全部工作，因此仍然需要处理这些新的逻辑。

每个 get 代码块都需要返回一个值，而每个 set 代码块则需要赋予一个值，这里正是结合使用私有变量(称为后备变量)和具有 get 及 set 属性的公共变量的好地方。私有变量将受到保护，其他类则可以受控访问公共变量。

```
private string _firstName
public string FirstName {
    get {
        return _firstName;
    }

    set {
        _firstName = value;
    }
}
```

下面对上述代码进行解释。

- 任何时候，当其他类需要时，可以使用 get 属性返回存储在私有变量中的值，而不需要实际将变量暴露给外部类。
- 任何时候，当使用外部类给公共变量赋值时，可以更新私有变量，使二者同步。
  - value 关键字表示赋予的新值。

不进行实际应用，上述解释阅读起来会有点深奥。可利用已有的私有变量，修改 GameBehavior 脚本，添加具有 get 和 set 属性访问器的公共变量。

实践：添加后备变量

你已经理解了 get 和 set 属性访问器的语法，下面在管理类中实现它们，从而使代码更高效、更具可读性。

按如下所示修改 GameBehavior 脚本中的代码：

```
public class GameBehavior : MonoBehaviour
{
  private int _itemsCollected = 0;
```

```
    // ①
    public int Items
    {
        // ②
        get { return _itemsCollected; }

        // ③
        set {
            _itemsCollected = value;
            Debug.LogFormat("Items: {0}",
            _itemsCollected);
        }
    }

    private int _playerHP = 3;

    // ④
    public int HP
    {
        get { return _playerHP; }
        set {
            _playerHP = value;
            Debug.LogFormat("Lives: {0}",
            _playerHP);
        }
    }
}
```

下面对上述代码进行解释。

① 声明名为 Items 的公共变量，其中包含 get 和 set 属性。

② 外部类访问 Items 变量时，使用 get 属性返回存储于_itemsCollected 中的值。

③ 使用 set 属性在 Items 变量被更新时为_itemCollected 赋新值，同时添加 Debug.LogFormat 方法以打印修改后的_itemsCollected 的值。

④ 设置具有 get 和 set 属性的公共变量 HP，从而对后备变量_playerHP 进行补充。

刚刚发生了什么

GameBehavior 脚本的两个私有变量现在都可以访问了，但是仅允许访问公开的部分。这确保了私有变量只能在特定的位置进行访问和修改。

实践：更新物品集合

我们已经设置好了 GameBehavior 脚本中的变量，每次在场景中收集 Pickup_Item 时都可以更新 Items 变量。

(1) 在 ItemBehavior 脚本中添加如下代码：

```
public class ItemBehavior : MonoBehaviour
{
    // ①
    public GameBehavior gameManager;

    void Start()
    {
        // ②
        gameManager = GameObject.Find("Game
            Manager").GetComponent<GameBehavior>();
    }

    void OnCollisionEnter(Collision collision)
    {
        if (collision.gameObject.name == "Player")
        {
            Destroy(this.transform.parent.gameObject);
            Debug.Log("Item collected!");

            // ③
            gameManager.Items += 1;
        }
    }
}
```

(2) 运行游戏并收集物品，查看管理类脚本输出到控制台中的信息，如图 8-8 所示。

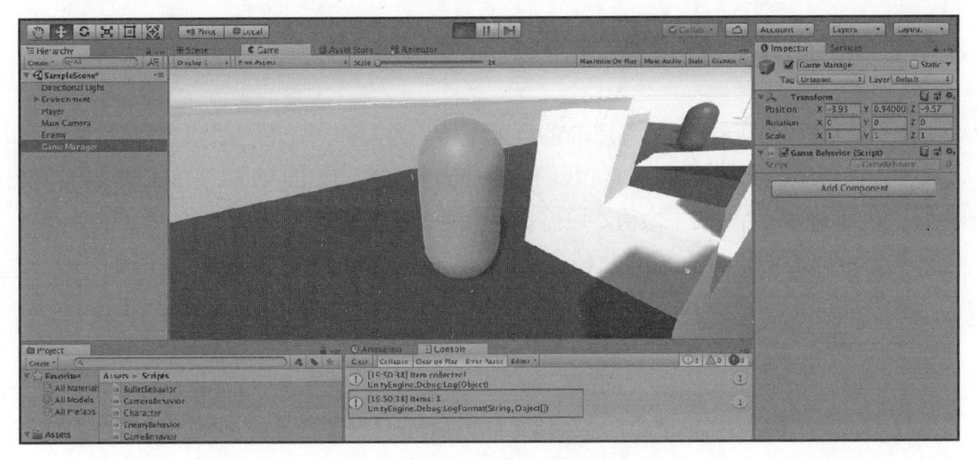

图 8-8　拾取物品后的控制台输出

下面对步骤(1)中的代码进行解释。

① 创建一个 GameBehavior 类型的变量来保存对脚本的引用。

② 在 Start 方法中，使用 Find 方法查找对象并添加 GetComponent 方法以初始化 gameManager。

提示：

这种在一行代码中完成功能的形式在 Unity 文档和社区项目中十分常见。这样做是为了简洁，如果觉得将 Find 和 GetComponent 方法分开写更好，那么也是可行的。

③ 当 Pickup_Item 对象被销毁后，就在 gameManager 中增加 Items 属性的值。

刚刚发生了什么

由于已经在 ItemBehavior 类中处理好了碰撞逻辑，因此我们可以很容易地修改 OnCollisionEnter 方法，从而在玩家拾取物品时与管理类进行沟通。将功能分离能使代码更具弹性，在开发期间进行修改时出错的可能性也会降低。

8.4　精益求精

目前，多个脚本共同配合，进而实现了玩家的移动、跳跃、收集、射击等机制。但是，现在仍然缺少用来展示玩家状态的显示内容或视觉提示，并且缺少游戏的胜败条件。本节将重点关注这两个主题。

8.4.1 图形用户界面

用户界面是任何计算机系统都有的可视组件，通常称为 UI。鼠标指针、文件夹以及桌面上的程序图标都是 UI 元素。我们的游戏需要拥有简单的 UI 以使玩家知道已经收集了多少物品以及当前的生命值，还需要一个能在发生特定事件时进行更新的文本框。

在 Unity 中添加 UI 元素有两种方式：

- 直接使用 Hierarchy 面板中的 Create 菜单进行创建，就像创建其他游戏对象一样。
- 在代码中使用内置的 GUI 类。

我们将一直使用代码方式，这么做并非因为代码方式优于另一种，而是为了与之前保持一致。

GUI 类提供了一系列方法来创建和摆放组件，所有 GUI 方法都可在 MonoBehaviour 脚本的 OnGUI 方法中进行调用。可以将 OnGUI 方法理解为用于 UI 的 Update 方法。

提示：

接下来的例子只会用到 GUI 类的一小部分方法，更多内容详见 https://docs.unity3d.com/ScriptReference/GUI.html。如果对非程序式 UI 感兴趣，可以学习一下 Unity 自己的视频教程，详见 https://unity3d.com/learn/tutorials/s/userinterface-ui。

实践：添加 UI 元素

目前还不需要向玩家显示很多信息，但是我们应该将需要显示的信息以令人愉悦、引人注目的方式显示在屏幕上。

(1) 按如下代码修改 GameBehavior 脚本并收集物品：

```
public class GameBehavior : MonoBehaviour
{
    // ①
    public string labelText = "Collect all 4 items and win
       your freedom!";
    public int maxItems = 4;

    private int _itemsCollected = 0;
    public int Items
    {
        get { return _itemsCollected; }
```

```
    set {
        _itemsCollected = value;

        // ②
        if(_itemsCollected >= maxItems)
            {
                labelText = "You've found all the
                items!";
                    }
                    else
                    {
                        labelText = "Item found, only " + (maxItems -
                        _itemsCollected) + " more to go!";
                    }
        }
}

private int _playerLives = 3;
public int Lives
{
    get { return _playerLives; }
    set {
        _playerLives = value;
        Debug.LogFormat("Lives: {0}", _playerLives);
    }
}

// ③
void OnGUI()
{
// ④
GUI.Box(new Rect(20, 20, 150, 25), "Player
   Health:" + _playerLives);

// ⑤
```

```
        GUI.Box(new Rect(20, 50, 150, 25), "Items
           Collected: " + _itemsCollected);

        // ⑥
        GUI.Label(new Rect(Screen.width / 2 - 100,
           Screen.height - 50, 300, 50), labelText);
        }
    }
```

(2) 运行游戏，用户界面如图 8-9 所示。

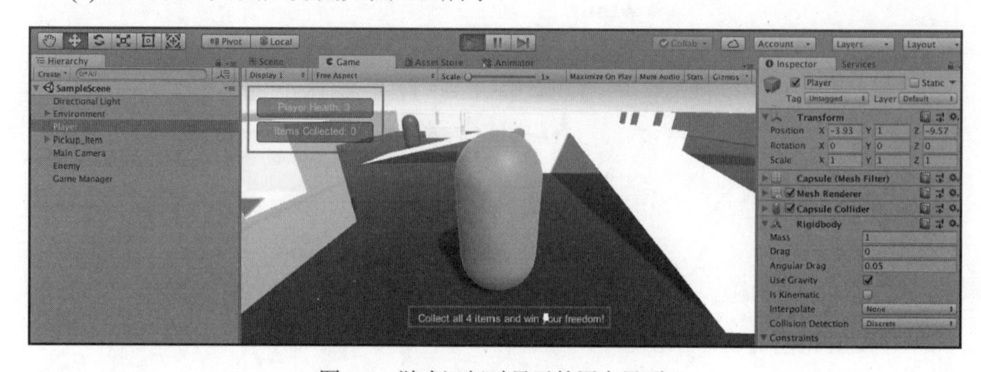

图 8-9　游戏运行时显示的用户界面

下面对步骤(1)中的代码进行解释。

① 创建两个公共变量：一个表示要在屏幕底部显示的文本；另一个表示关卡中物品的最大数量。

② 在_itemsCollected 变量的 set 属性中声明一条 if 语句。

- 如果玩家收集的物品的数量大于或等于 maxItems，那么玩家赢得游戏并且更新 labelText。
- 否则，使用 labelText 显示还需要收集多少物体。

③ 声明 OnGUI 方法以包含 UI 代码。

④ 通过指定位置、大小与字符串信息来创建 GUI.Box 方法。

- Rect 类的构造函数将接收宽度和高度值作为参数。
- Rect 对象的起始位置始终为屏幕的左上角。
- 使用 new Rect(20,20,150,25)可创建一个位于场景左上角的 2D 方框，距离场景的左侧边界 20 像素，距离顶部边界也 20 像素，宽度为 150 像素，高度为 25 像素。

⑤ 在生命值方框的下面创建另一个方框以显示当前的物品数量。

⑥ 在屏幕的底部创建一个标签以显示 labelText。

- 因为 OnGUI 方法每帧至少会执行一次，所以在任何时候，当 labelText 的值发生变化时，都会在屏幕上进行更新。
- 这里使用 Screen 类的 width 和 height 属性获取绝对位置，而不是手动计算屏幕的中心位置。

刚刚发生了什么

当我们运行游戏时，三个 UI 元素都显示了正确的值。每当收集一个 Pickup_Item 时，lableText 和_itemsCollected 都会得到更新，如图 8-10 所示。

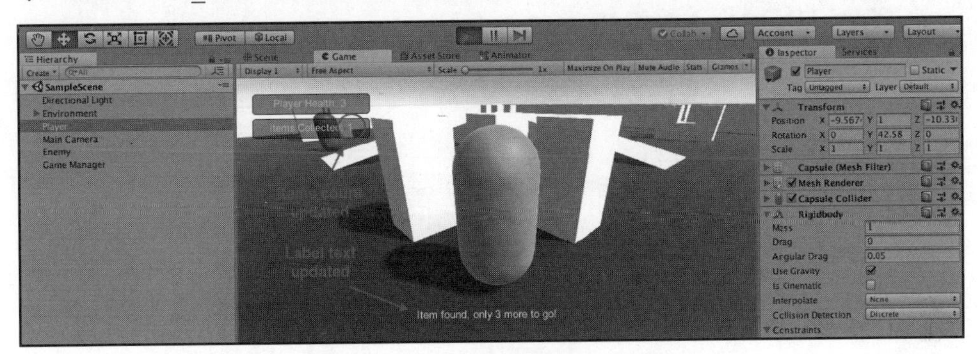

图 8-10　道具的拾取数量及剩余数量

8.4.2　胜败条件

游戏的核心机制与简易 UI 都已实现，Hero Born 游戏还缺少如下重要的射击元素：胜败条件。胜败条件用于管理玩家赢得游戏还是失败，并根据情况执行不同的代码。

回顾第 6 章的 6.1.1 节“游戏设计文档”，可将游戏的胜败条件设置为：

- 收集关卡中的所有道具且生命值至少为 1 时胜利。
- 受到敌人伤害且直到生命值变为 0 时失败。

以上条件会影响 UI 以及游戏机制，但这些都已在 GameBehavior 脚本中高效处理过了。get 和 set 属性会处理任何游戏相关逻辑，而 OnGUI 方法则会在玩家胜利或失败时改变 UI。

提示：

我们即将实现胜利条件，因为拾取系统已经准备好了。等到处理好敌人的智能行为后，我们再实现失败条件的逻辑。

实践：赢得游戏

为了给玩家带来清晰且即时的反馈，下面从添加胜利条件的逻辑开始。

(1) 按如下代码修改 GameBehavior 脚本：

```
public class GameBehavior : MonoBehaviour
{
    public string labelText = "Collect all 4 items and win your
                              freedom!";
    public int maxItems = 4;

    // ①
    public bool showWinScreen = false;

    private int _itemsCollected = 0;
    public int Items
    {
        get { return _itemsCollected; }
        set {
            _itemsCollected = value;

            if (_itemsCollected >= maxItems)
            {
                labelText = "You've found all the items!";

                // ②
                showWinScreen = true;
            }
            else
            {
                labelText = "Item found, only " + (maxItems -
                    _itemsCollected) + " more to go!";
            }
        }
    }

    // ... No changes needed ...
```

```
    void OnGUI()
    {
        GUI.Box(new Rect(20, 20, 150, 25), "Player Health: " +
           _playerLives);
        GUI.Box(new Rect(20, 50, 150, 25), "Items Collected: " +
           _itemsCollected);
        GUI.Label(new Rect(Screen.width / 2 - 100, Screen.height -
           50, 300, 50), labelText);
        // ③
        if (showWinScreen)
        {
            // ④
            if (GUI.Button(new Rect(Screen.width/2 - 100,
            Screen.height/2 - 50, 200, 100), "YOU WON!"))
            {

            }
        }
    }
}
```

(2) 在 Inpsector 面板中将 Max Items 修改为 1，然后进行测试，结果如图 8-11 所示。

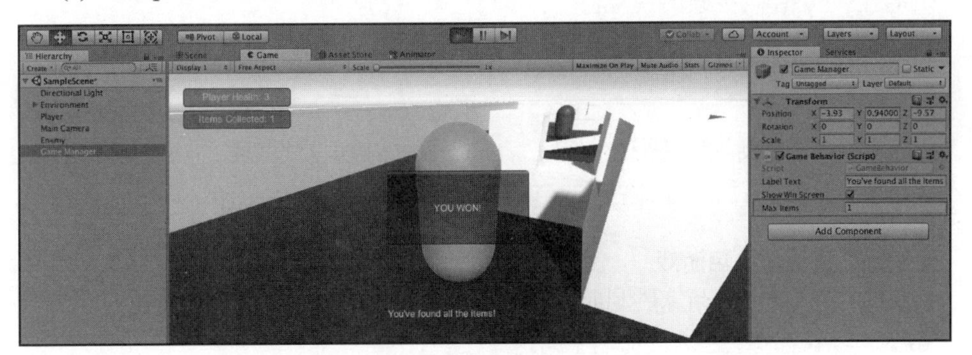

图 8-11　修改 Max Items 为 1 并达成胜利条件后的用户界面

下面对步骤(1)中的代码进行解释。

① 创建一个新的布尔变量来维护胜利界面出现的时机。

② 当玩家收集完所有物品时，在 Items 对象的 set 属性中将 showWinScreen 设置为 true。

③ 在 OnGUI 方法的内部使用 if 语句检查胜利界面是否应该显示。

④ 在屏幕的中央创建一个可单击的按钮。

- GUI.Button 方法将返回一个布尔值，当这个按钮被单击时返回 true，否则返回 false。
- 在 if 语句中调用 GUI.Button 方法，从而当这个按钮被单击时执行 if 语句的语句体。

刚刚发生了什么

maxItems 被设置为 1，胜利按钮会在收集完场景中唯一的 Pickup_Item 后出现。但是现在单击这个按钮不起任何作用，8.4.3 节将解决这一问题。

8.4.3 使用预编译指令和命名空间

胜利条件可以按预期方式运行了，但是胜利后，玩家仍然可以控制胶囊，而且游戏一旦结束，尚没有办法重新开始。Unity 的 Time 类提供了 timeScale 属性，当这个属性被设置为 0 时就会暂停整个游戏。为了重新开始游戏，我们需要访问命名空间 SceneManagement。默认情况下，这个命名空间还无法从我们的类中直接访问。

命名空间可以将一系列类包含在某个特定的名称下，进而组织大型项目并避免共用相同名称的脚本间产生冲突。可通过向类中添加 using 指令以访问另一个命名空间中的类。

所有通过 Unity 创建的 C#脚本都包含如下三条默认的 using 指令：

```
using System.Collections;
using System.Collections.Generic;
using UnityEngine;
```

这样就可以访问常用的命名空间了。Unity 和 C#提供了非常多的功能，可以通过在关键字 using 之后加上命名空间的名称来进行添加。

实践：暂停与重启游戏

我们的游戏需要在玩家胜利或失败时能够暂停和重启。为此，我们需要引入新建的 C#脚本默认都不会包含的命名空间。

在 GameBehavior 脚本中添加如下代码并运行游戏。

```
using System.Collections;
using System.Collections.Generic;
using UnityEngine;
```

```
// ①
using UnityEngine.SceneManagement;

public class GameBehavior : MonoBehaviour
{
    // ... No changes needed ...

    private int _itemsCollected = 0;
    public int Items
    {
        get { return _itemsCollected; }
        set {
            _itemsCollected = value;

            if (_itemsCollected >= maxItems)
            {
                labelText = "You've found all the items!";
                showWinScreen = true;

                // ②
                Time.timeScale = 0f;
            }
            else
            {
               labelText = "Item found, only " + (maxItems -
                     _itemsCollected) + " more to go!";
            }
        }
    }

    // ... No other changes needed ...

    void OnGUI()
    {
```

```
        // ... No changes to GUI layout needed ...

        if (showWinScreen)
        {
            if (GUI.Button(new Rect(Screen.width/2 - 100,
            Screen.height/2 - 50, 200, 100), "YOU WON!"))
            {
                // ③
                SceneManager.LoadScene(0);

                // ④
                Time.timeScale = 1.0f;
            }
        }
    }
}
```

下面对上述代码进行解释。

① 使用 using 关键字添加 SceneManagement 命名空间，Unity 提供的这个命名空间会处理所有场景相关的逻辑。

② 当胜利界面出现时，把 Time.timeScale 设置为 0 以暂停游戏，从而禁止任何输入和移动。

③ 当单击胜利界面中的按钮时，调用 LoadScene 方法。

- LoadScene 方法接收一个 int 类型的参数来表示场景的索引。
- 因为项目中只有一个场景，所以使用索引 0 来重新开始游戏。

④ 重新打开场景后，把 Time.timeScale 重置为默认值 1，这样所有控件和行为就可以再次执行了。

刚刚发生了什么

现在，当玩家收集物品并单击胜利界面中的按钮时，关卡会重启，所有脚本和组件都会被重置为原始值并为下一轮游戏做准备。

8.5 小测验——游戏机制

1. 枚举存储的是什么数据类型？

2. 如何在活动的场景中创建预制体游戏对象的副本?
3. 当值被引用或修改时，哪个变量属性允许添加功能?
5. 哪些 Unity 方法用于在场景中显示用户界面对象?

8.6　本章小结

恭喜！从玩家的视角看，Hero Born 游戏现在已处于可玩状态。我们实现了跳跃和射击机制，对物理碰撞进行了管理并生成了对象，还添加了少量的基础性 UI 元素来给予反馈。你甚至可以在玩家胜利时重置关卡！

本章介绍了大量新的主题，一定要回顾并确保自己真的理解所写代码中发生了什么。尤其要掌握枚举、get 和 set 属性以及命名空间方面的知识。从本章开始，随着进一步探究 C#语言，代码只会变得越来越复杂。

在第 9 章，我们将使敌人在与玩家距离过近时能够注意到玩家，从而执行跟随-射击行为，以此增大玩家收集物品时的风险。

第9章 人工智能基础和敌人行为

为了让玩家感受到虚拟场景的真实性，需要有冲突、结果以及潜在的奖励反馈给玩家。如果没有这三个要素，将很难激励玩家去关心他们在游戏中扮演的角色发生了什么，经历过大致的体验后，很少有玩家愿意继续玩下去。尽管有许多游戏机制能满足其中一个或多个条件，但都比不上打败试图找到并杀死玩家的敌人更有效果。

编写智能的敌人不是一件容易的事情，经常需要花费大量的时间，还会遇到很多困难。然而，使用 Unity 的内置特性、组件以及类，可以让设计和实现人工智能系统变得容易一些。本章将使用这些工具完成 Hero Born 游戏的第一个迭代版本，从而为讨论更高级的 C#话题提供跳板。

本章专注于以下主题：

- Unity 导航系统。
- 静态对象和导航网格。
- 导航代理。
- 面向过程编程与逻辑。
- 捕获和处理伤害。
- 添加失败条件。
- 重构技术。

9.1 Unity 导航系统

现实生活中的导航，通常是指如何从 *A* 点移到 *B* 点。虚拟的 3D 空间中的导航在很大程度上与此类似，但我们该如何解释人类从诞生之日起就已经开始积累的经验呢？在平坦的地面上行走，再到爬楼梯以及控制起跳，这些都是我们通过实践学习得来的；应该如何顺利地在程序设计中实现这些呢？

导航组件

简而言之，Unity 已经花费了大量的时间来完善导航系统，并提供了一些用于管理玩家角色和非玩家角色走动的组件。下面的每一个组件都是由 Unity 提供的，并且已经拥有复杂的内置特性。

- NavMesh 在本质上是给定关卡上可行走区域的地图。NavMesh 是通过对关卡几何体进行烘焙创建得来的。在将 NavMesh 烘焙到关卡时，你会创建一份存放了导航数据的特殊资产。
- 如果说 NavMesh 是关卡地图，那么 NavMeshAgent 就是在关卡地图上移动的部件。任何添加了 NavMeshAgent 组件的对象，都将自动避开即将接触到的其他代理或障碍物。
- 导航系统需要感知那些能让 NavMeshAgent 改变路线的任何可移动或固定不动的物体。通过给这些物体添加 NavMeshObstacle 组件，就能让导航系统知道 NavMeshAgent 需要避开它们。

虽然上述针对 Unity 导航系统的描述还远远不够，但却足以让我们的 Enemy 对象拥有向前移动的行为。本章将关注于给关卡添加 NavMesh、将敌人设置为 NavMeshAgent，以及如何让 Enemy 对象看起来以更加智能的方式按照预定的路线移动。

注意：

本章只使用了 NavMesh 和 NavMeshAgent，通过链接 https://docs.unity3d.com/Manual/navCreateNavMeshObstacle.html，你可以了解更多有关如何创建障碍物的知识。

1. 实践：设置 NavMesh

下面设置并配置关卡的 NavMesh。

(1) 选中名为 Environment 的游戏对象，单击 Inspector 面板中 Static 右侧的下三角图标，在弹出的列表中选择 Navigation Static，如图 9-1 所示。

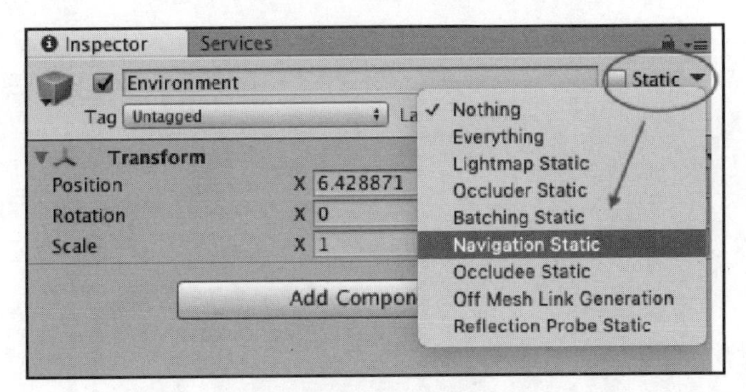

图 9-1　Inspector 面板中的设置

(2) 在弹出的提示框中单击“Yes，change children”按钮，把 Environment 对象的所有子对象也标记为 Navigation Static。

(3) 使用 Window | AI | Navigation 打开 Navigation 面板，选中 Bake 标签，将所有数据恢复为默认值，然后单击 Bake 按钮，如图 9-2 所示。

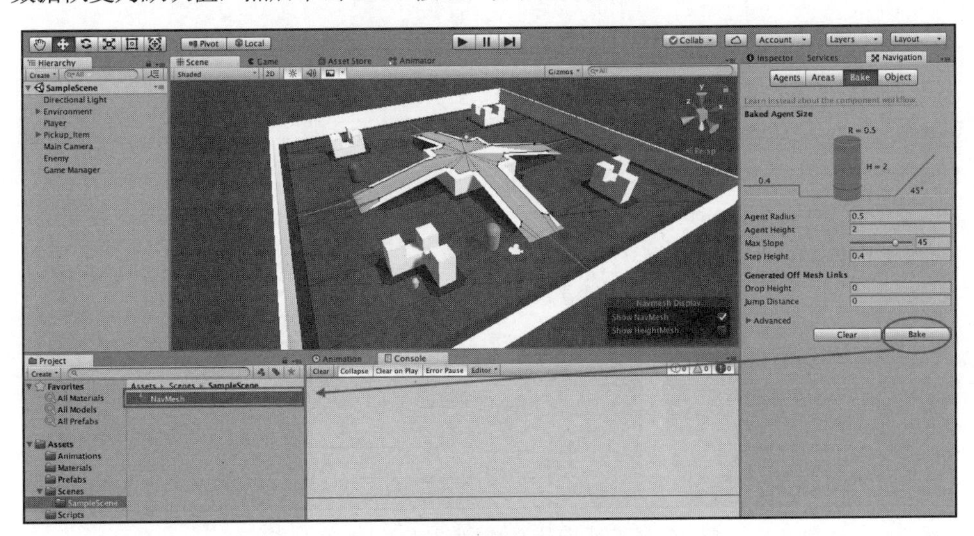

图 9-2　将所有数据恢复为默认值

刚刚发生了什么

关卡中的所有物体都被标记为 Navigation Static，这意味着最新烘焙的 NavMesh 已经基于 NavMeshAgent 的默认设置重新评估了是否可以在这些物体上行走。

2. 实践：设置敌人代理

下面将 Enemy 对象注册为 NavMeshAgent。

(1) 选中 Enemy 对象，在 Inspector 面板中单击 Add Component 按钮，然后搜索 NavMeshAgent，如图 9-3 所示。

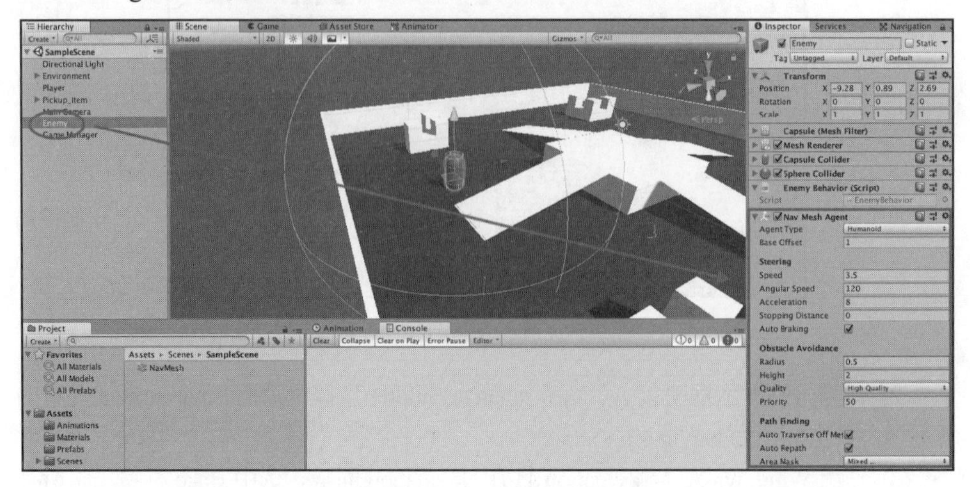

图 9-3 Inspector 面板中的设置

(2) 在 Hierarchy 面板中右击，在弹出的菜单中选择 Create | Create Empty，创建一个空对象，命名为 Patrol Route。右击 Patrol Route 对象，从弹出的菜单中选择 Create | Create Empty，为 Patrol Route 对象创建一个名为 Location 1 的子对象。将子对象 Location 1 放置在关卡中的某个角落，如图 9-4 所示。

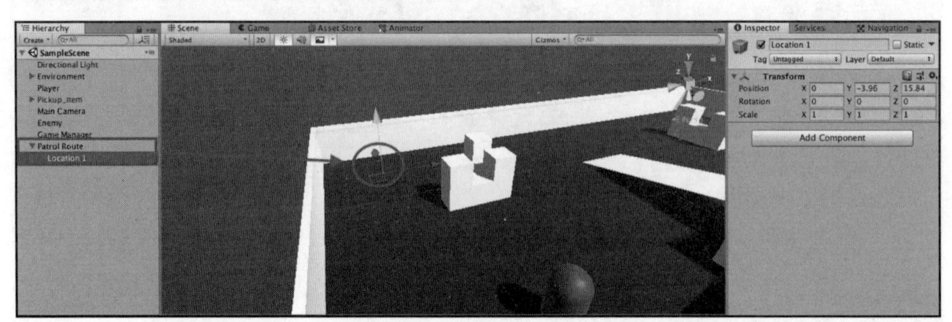

图 9-4 在关卡的某个角落放置 Location 1 子对象

(3) 再给 Patrol Route 对象添加 3 个子对象，分别命名为 Location 2、Location 3、Location 4，并且分别将它们放置到关卡中另外的 3 个角落里，形成四方形，如图 9-5 所示。

图 9-5　在关卡的另外 3 个角落里继续放置子对象

刚刚发生了什么

我们给 Ememy 对象添加了一个 NavMeshAgent 组件，并告诉 NavMesh 将这个 NavMeshAgent 组件注册为拥有自动导航功能的对象。然后创建 4 个空对象，并将它们分别放置在关卡的每个角落，布置成一条简单的路线，我们希望后续设计出的敌人都按照这条路线进行巡逻。将它们分组放在一个空的父对象下，将使得在代码中更容易引用它们，Hierarchy 面板中的结构也将更加清晰。

9.2　移动敌人代理

我们已经设置好了巡逻点，Enemy 对象也有了 NavMeshAgent 组件。接下来我们需要弄清楚如何引用那些巡逻点，以及如何让敌人自己移动起来。为此，我们首先需要了解软件开发中的一个十分重要的概念：面向过程编程。

面向过程编程

尽管名字很好理解，但是理解面向过程编程背后的思想并非那么容易，除非多花些心思；一旦掌握，在设计代码时你将会有更多的思路。

当需要在一个或多个有序的对象中执行相同的逻辑时，面向过程编程是理想的选择。实际上，当你在 for 或 foreach 循环中调试数组、列表以及字典时，你已经进行了一些面向过程编程。每执行一次循环语句，都会调用一次 Debug.Log 方法，直到按顺序遍历完每一项。

面向过程编程的最常见用法，就是将元素从一个集合移到另一个集合中，期间再回去修改它们。后面当需要引用 patrolRoute 父节点下的每个子节点，并将它们存放到一个列表中时，就非常适合使用这种方法。

1. 实践：引用摆放的巡逻点

我们已经对面向过程编程有了基本的了解，接下来获取前面创建好的 4 个巡逻点，并将它们存放到一个可用的列表中。

(1) 在 EnemyBehavior 脚本中添加如下代码：

```
public class EnemyBehavior : MonoBehaviour
{
    // ①
    public Transform patrolRoute;

    // ②
    public List<Transform> locations;

    void Start()
    {
        // ③
        InitializePatrolRoute();
    }

    // ④
    void InitializePatrolRoute()
    {
        // ⑤
        foreach(Transform child in patrolRoute)
        {
            // ⑥
            locations.Add(child);
        }
    }

    void OnTriggerEnter(Collider other)
    {
       // ... No changes needed ...
    }
```

```
    void OnTriggerExit(Collider other)
    {
        // ... No changes needed ...
    }
}
```

(2) 在 Hierarchy 面板中拖曳 Patrol Route 对象，将它拖到 EnemyBehavior 脚本中的序列化变量 Patrol Route 上，如图 9-6 所示。

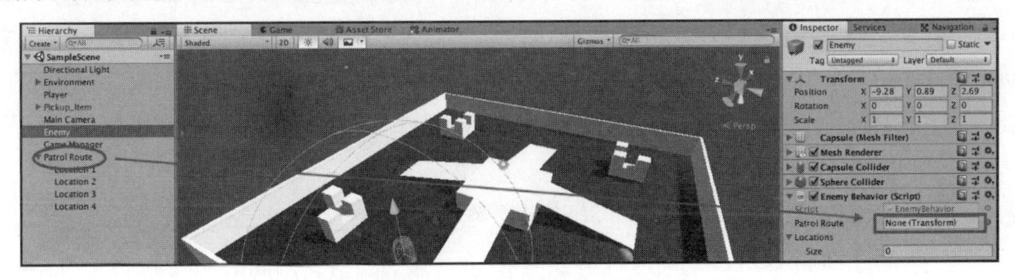

图 9-6　拖放 Patrol Route 对象

(3) 在 Inspector 面板中单击 Localtions 左边的下三角图标，展开列表后运行游戏，观察列表中的数据，如图 9-7 所示。

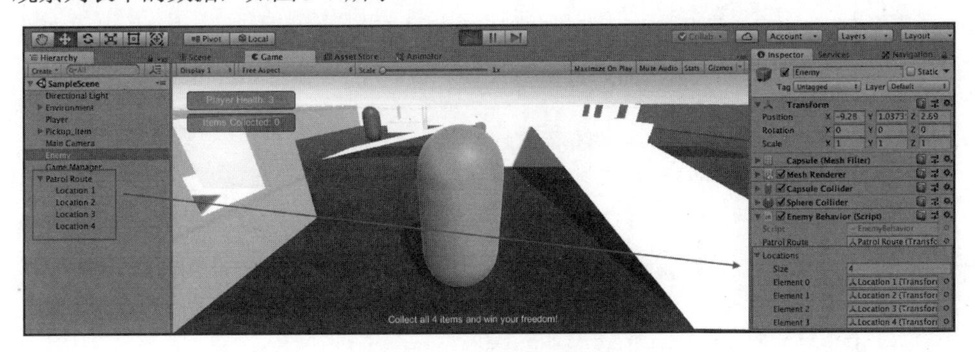

图 9-7　观察列表中的数据

下面对步骤(1)中的代码进行解释。

① 声明一个公共变量，用于存储空的 patrolRoute 父节点对象。

② 声明一个 List 变量，用于存放 patrolRoute 的所有子对象的 Transform 组件。

③ 在游戏开始时，在 MonoBehaviour 脚本的 Start 方法中调用 InitializePatrolRoute 方法。

④ 创建一个私有的工具方法 InitializePatrolRoute，用于将 Transform 组件添加到 locations 列表中。注意，没有使用访问修饰符声明的变量和方法默认都是私有的。

⑤ 使用 foreach 循环遍历 patrolRoute 的每一个子对象，并引用它们的 Transform 组件。每个 Transform 组件都是从 foreach 循环的 child 局部变量中获取的。

⑥ 在遍历 patrolRoute 中的子对象时，可以使用 Add 方法将 Transform 组件依次添加到 locations 列表中。通过使用这种方式，在 Hierarchy 面板中，无论我们做出何种改动，locations 列表都会一直持有 patrolRoute 的所有子对象。

刚刚发生了什么

虽然可以将 Hierarchy 面板中的每个摆点对象直接拖放到 Inspector 面板中的 locations 列表上，但这种方式很容易使这些对象与 locations 列表丢失或断开关系；摆点对象名称的修改、对象的添加或删除、项目的更新等都会破坏类的初始化。通过在 Start 方法中使用代码填充列表或数组对象，可使代码更加安全且可读性更强。

提示：

依据上述推理，相对于直接将对象拖曳并放置到 Inspector 面板中，笔者更倾向于将脚本附加到对象上，然后在 Start 方法中调用 GetComponent 方法以查找并存储组件的引用。

2. 实践：移动敌人

在 Start 方法中初始化巡逻点后，可以获取敌人的 NavMeshAgent 组件，并设置第一个目的地。使用如下代码更新 EnemyBehavior 脚本，然后单击 Play 按钮以运行游戏：

```
// ①
using UnityEngine.AI;

public class EnemyBehavior : MonoBehaviour
{
    public Transform patrolRoute;
    public List<Transform> locations;

    // ②
    private int locationIndex = 0;

    // ③
    private NavMeshAgent agent;

    void Start()
    {
```

```
        // ④
        agent = GetComponent<NavMeshAgent>();

        InitializePatrolRoute();

        // ⑤
        MoveToNextPatrolLocation();
    }

    void InitializePatrolRoute()
    {
         // ... No changes needed ...
    }

    void MoveToNextPatrolLocation()
    {
        // ⑥
        agent.destination = locations[locationIndex].position;
    }

    void OnTriggerEnter(Collider other)
    {
        // ... No changes needed ...
    }

    void OnTriggerExit(Collider other)
    {
        // ... No changes needed ...
    }
}
```

下面对上述代码进行解释。

① 添加 using UnityEngine.AI 指令，这样 EnemyBehavior 脚本就能访问 Unity 的导航类了，在这里也就是 NavMeshAgent。

② 声明一个变量，用于存储敌人当前朝哪个巡逻点移动。列表元素的索引是从 0

开始的，可以让敌人按照 locations 列表中存放巡逻点的顺序进行移动。

③ 声明一个变量，用于存储附加到 Enemy 对象上的 NavMeshAgent 组件。

④ 使用 GetComponent 方法查找并返回附加到 agent 上的 NavMeshAgent 组件。

⑤ 在 Start 方法中调用 MoveToNextPatrolLocation 方法。

⑥ 声明一个私有方法，名为 MoveToNextPatrolLocation，并且设置 agent.destination。

- destination 是 3D 空间中类型为 Vector3 的坐标位置。
- 使用 locations[locationIndex]可以获取 locations 列表中于指定索引位置的 Transform 元素。
- 通过调用 Transform 组件的 position 属性，就可以获取其位置。

刚刚发生了什么

当游戏启动时，程序将把所有巡逻点都添加到 locations 列表中，并且调用 MoveToNextPatrolLocation 方法，从而将 locations 列表中第一个元素所在的位置赋值给 NavMeshAgent 组件的 destination 属性。

3. 实践：在巡逻点之间持续巡逻

敌人现在可以顺利地移到第一个巡逻点，但在到达之后，便会停下来。如果想让敌人在连续的巡逻点之间持续移动，那么接下来需要给方法 Update 和 MoveToNextPatrolLocation 添加如下逻辑代码：

```
public class EnemyBehavior : MonoBehaviour
{
    // ... No changes needed ...

    void Start()
    {
        // ... No changes needed ...
    }

    void Update()
    {
        // ①
        if(agent.remainingDistance < 0.2f && !agent.pathPending)
        {
            // ②
            MoveToNextPatrolLocation();
```

```
        }
    }

    void MoveToNextPatrolLocation()
    {
        // ③
        if (locations.Count == 0)
            return;

        agent.destination = locations[locationIndex].position;
        // ④
        locationIndex = (locationIndex + 1) % locations.Count;
    }

    void OnTriggerEnter(Collider other)
    {
       // ... No changes needed ...
    }

    void OnTriggerExit(Collider other)
    {
       // ... No changes needed ...
    }
}
```

下面对上述代码进行解释。

① 在声明的 Update 方法中添加一条 if 语句，用于检测其中的两个条件是否都能够满足。

- remainingDistance 代表 NavMeshAgent 的当前位置与目标位置 destination 之间的距离。
- 如果 Unity 正在为 NavMeshAgent 计算路线，那么 pathPending 的值为 true，反之为 false。

② 如果 agent 非常接近目标，且不存在其他正在计算的路线，那么 if 语句将返回 true，并且调用 MoveToNextPatrolLocation 方法。

③ 添加另一条 if 语句，用于确保在执行 MoveToNextPatrolLocation 方法中剩下的代码时，locations 列表中包含元素。如果 locations 列表中没有元素，就使用 return 关键字退出，不再往下执行。

提示：

这就是所谓的防御式编程，再加上重构，当你学习更多 C#中级主题时，这些都是必备技能。

④ 将 locationIndex 的当前值加 1，紧接着对 locations.Count 取模(%)。

- 这将使下标从 0 增加到 4，然后再回到 0，这样敌人就能在一条连续的路线上进行移动。
- 取模操作将返回两个值相除的余数。用 2 除以 4，余数为 2，所以 2%4=2。同理，用 4 除以 4 没有余数，所以 4%4=0。

提示：

使用索引除以集合中元素的个数，是快速查找下一个元素的快捷方式。如果对取模操作感到陌生，请回顾第 2 章的内容。

刚刚发生了什么

在 Update 方法中，每当敌人移向巡逻点时，我们就会执行检查；一旦敌人与目标接近，MoveToNextPatrolLocation 方法将被调用，locationIndex 的值将会增加，并且将下一个巡逻点设置为敌人的目标。如果将 Scene 视图拖至临近 Console 窗口的位置，然后单击 Play 按钮，你将看到敌人会沿着关卡的四个角不停地循环移动，如图 9-8 所示。

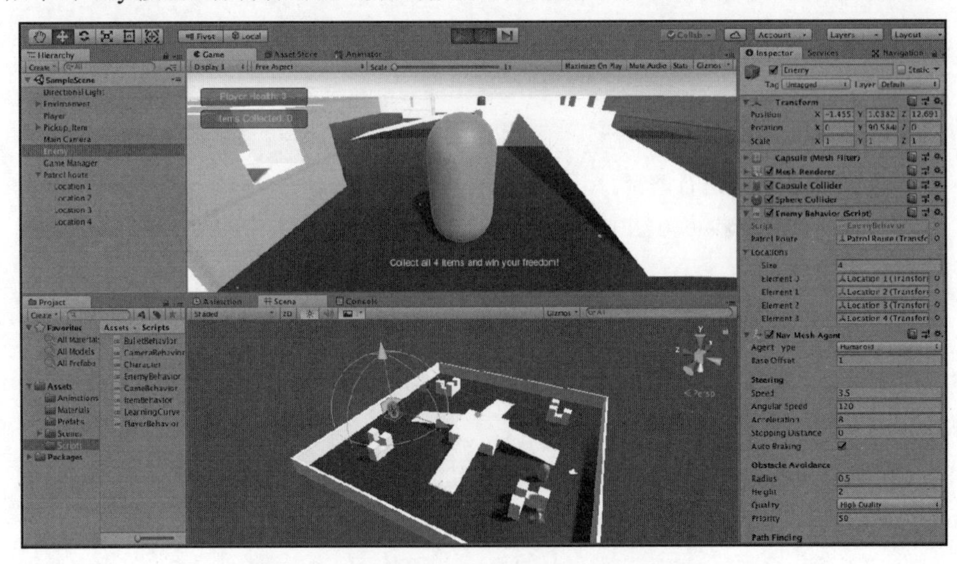

图 9-8　敌人沿着关卡的四个角不停地循环移动

9.3 敌人游戏机制

现在敌人可以持续不断地往复巡逻，接下来需要为敌人添加互动机制。如果只让它们四处游荡，而不和玩家作对，游戏就会显得很无聊。

寻找与摧毁

接下来我们将关注于当玩家接近敌人、与它们发生碰撞且产生伤害时，如何切换敌人的 NavMeshAgent 组件的目标。当敌人成功导致玩家受到伤害时，它们将会返回并继续按照原有路线巡逻，直到下一次与玩家相遇。当然，我们不会让玩家毫无反抗之力；我们会在代码中跟踪敌人的生命值，在敌人与玩家发射的子弹发生碰撞时，检测敌人的生命值，并判断敌人是否需要消失。

1. 实践：改变代理的目标

现在敌人不停地巡逻，我们需要获得玩家的位置并改变 NavMeshAgent 的目标。在 EnemyBehavior 脚本中添加如下代码，然后单击 Play 按钮以运行游戏。

```
public class EnemyBehavior : MonoBehaviour
{
    // ①
    public Transform player;

    public Transform patrolRoute;
    public List<Transform> locations;

    private int locationIndex = 0;
    private NavMeshAgent agent;

    void Start()
    {
        agent = GetComponent<NavMeshAgent>();

        // ②
        player = GameObject.Find("Player").transform;
    }
```

```
        /* ... No changes to Update,
            InitializePatrolRoute, or
            MoveToNextPatrolLocation ... */

        void OnTriggerEnter(Collider other)
        {
            if(other.name == "Player")
            {
                // ③
                agent.destination = player.position;
                Debug.Log("Enemy detected!");
            }
        }

        void OnTriggerExit(Collider other)
        {
            // .... No changes needed ...
        }
    }
```

下面对上述代码进行解释。

① 声明一个公共变量来持有玩家的坐标变换信息。

② 使用 GameObject.Find("Player")找到场景中的玩家。在同一行代码中，使用.transform 就能直接获得玩家的坐标变换信息。

③ 当玩家进入敌人的攻击范围时，就会触发 OnTriggerEnter 方法，从中可以将 agent.destination 的值设置为玩家的当前位置。

刚刚发生了什么

运行游戏，当玩家接近巡逻中的敌人时，将会发现它们离开原有路线，直接朝玩家过去了。一旦它们接近玩家，Update 方法中的代码就会让它们恢复巡逻。

2. 实践：减少玩家的生命值

我们虽然已经在设计敌人游戏机制方面做了很多事情，但是当敌人与玩家发生碰撞时，没有发生任何事情，这很不科学。为了解决这个问题，下面修改 PlayerBehavior 脚本，将新的敌人游戏机制与游戏管理器绑定在一起：

```
public class PlayerBehavior : MonoBehaviour
{
    // ... No changes to public variables needed ...

    private float _vInput;
    private float _hInput;
    private Rigidbody _rb;
    private CapsuleCollider _col;

    // ①
    private GameBehavior _gameManager;

    void Start()
    {
        _rb = GetComponent<Rigidbody>();
        _col = GetComponent<CapsuleCollider>();
        // ②
        _gameManager = GameObject.Find("Game
            Manager").GetComponent<GameBehavior>();
    }

    /* ... No changes to Update,
          FixedUpdate, or
          IsGrounded ... */
    // ③
    void OnCollisionEnter(Collision collision)
    {
        // ④
        if(collision.gameObject.name == "Enemy")
        {
             // ⑤
             _gameManager.Lives -= 1;
        }
    }
```

```
}
```

下面对上述代码进行解释。

① 声明一个私有变量，用于保存场景中 GameBehavior 实例的引用。

② 在场景中名为 GameManager 的对象上找到 GameBehavior 脚本并返回。在 GameObject.Find 方法的后面直接调用 GetComponent 方法十分常见，这样可以减少不必要的代码。

③ 因为玩家可以发生碰撞，所以在 PlayerBehavior 脚本中声明 OnCollisionEnter 方法是很有必要的。

④ 检查碰撞体的名称，如果是 Enemy，就执行 if 语句。

⑤ 通过_gameManager 实例调用公共变量 Lives，将生命值减 1。

刚刚发生了什么

当敌人跟踪并与玩家发生碰撞时，游戏管理器将通过 Lives 变量的 set 属性修改生命值。这就意味着我们需要依据玩家新的生命值对 UI 进行相应的更新，同时，这也为添加玩家在挑战失败情况下的处理逻辑提供了机会。

3. 实践：检测子弹碰撞

现在有了挑战失败的条件，接下来给玩家添加一种能力：反击敌人。打开 EnemyBehavior 脚本，按照如下方式修改其中的代码：

```
public class EnemyBehavior : MonoBehaviour
{
    public Transform player;
    public Transform patrolRoute;
    public List<Transform> locations;

    private int locationIndex = 0;
    private NavMeshAgent agent;

    // ①
    private int _lives = 3;
    public int EnemyLives
    {
        // ②
        get { return _lives; }
```

```
            // ③
            private set
            {
                _lives = value;
                // ④
                if (_lives <= 0)
                {
                    Destroy(this.gameObject);
                    Debug.Log("Enemy down.");
                }
            }
        }

        /* ... No changes to Start,
              Update,
              InitializePatrolRoute,
              MoveToNextPatrolLocation,
              OnTriggerEnter, or
              OnTriggerExit ... */

        void OnCollisionEnter(Collision collision)
        {
            // ⑤
            if(collision.gameObject.name == "Bullet(Clone)")
            {
                // ⑥
                EnemyLives -= 1;
                Debug.Log("Critical hit!");
            }
        }
    }
```

下面对上述代码进行解释。

① 声明一个私有的int型变量_lives和一个公共的提供返回值的变量EnemyLives。这样就能像在 GameBehavior 脚本中那样直接获取 EnemyLives 并设置敌人的生命值。

② get 属性永远只返回_lives。

③ 使用私有的 set 属性将 EnemyLives 的新值赋给_lives，以保证它们的值一样。

注意：

在此之前我们没有使用过私有的 get 和 set 属性，它们可以拥有自己的访问修饰符，就像其他可执行代码一样。声明 get 或 set 属性为私有的意味着只能在父类中访问它们。

④ 添加一条 if 语句来检查_lives 的值是否小于或等于 0，如果条件成立，也就意味着敌人已经死亡。如果是这样的话，就可以销毁 Enemy 对象，并且向控制台打印输出一条信息。

⑤ 因为 Enemy 对象需要和子弹发生碰撞，所以在 EnemyBehavior 脚本中使用 OnCollisionEnter 方法来检测碰撞是十分明智的。

⑥ 如果与敌人发生碰撞的对象与复制得到的子弹一样，就将 EnemyLives 的值减 1 并在控制台中打印其他信息。

注意：

需要注意的是，尽管子弹对应的预制体是 Bullet，但我们在检查时使用的却是 Bullet(Clone)。这是因为在射击代码中，子弹是由 Instantiate 方法创建的，而当我们使用 Instantiate 方法创建任何对象时，Unity 都会添加(Clone)作为后缀。

刚刚发生了什么

当敌人试图夺走玩家的生命时，玩家可以通过向敌人射击 3 次以杀死敌人。另外，使用 get 和 set 属性来处理额外的逻辑被证明是一种灵活且可扩展的解决方案。

4. 实践：更新游戏管理器

为了完全实现失败条件，接下来需要对管理类进行更新。打开 GameBehavior 脚本，添加如下代码，然后让敌人与玩家碰撞 3 次：

```
public class GameBehavior : MonoBehaviour
{
    public string labelText = "Collect all 4 items and win your
                               freedom!";
    public int maxItems = 4;
    public bool showWinScreen = false;

    // ①
```

```
public bool showLossScreen = false;

private int _itemsCollected = 0;
public int Items
{
    // ... No changes needed ...
}

private int _playerLives = 3;
public int Lives
{
    get { return _playerLives; }
    set {
        _playerLives = value;

        // ②
        if(_playerLives <= 0)
        {
            labelText = "You want another life with that?";
            showLossScreen = true;
            Time.timeScale = 0;
        }
        else
        {
            labelText = "Ouch... that's got hurt.";
        }
    }
}

void OnGUI()
{
    GUI.Box(new Rect(20, 20, 150, 25), "Player Health: " +
        _playerLives);
    GUI.Box(new Rect(20, 50, 150, 25), "Items Collected: " +
        _itemsCollected);
```

```
        GUI.Label(new Rect(Screen.width / 2 - 100, Screen.height -
            50, 300, 50), labelText);

        if (showWinScreen)
        {
            if (GUI.Button(new Rect(Screen.width/2 - 100,
            Screen.height/2 - 50, 200, 100), "YOU WON!"))
            {
                SceneManager.LoadScene(0);
                Time.timeScale = 1.0f;
            }
        }

        // ③
        if(showLossScreen)
        {
            if(GUI.Button(new Rect(Screen.width / 2 - 100,
            Screen.height / 2 - 50, 200, 100), "You lose..."))
            {
                SceneManager.LoadScene(0);
                Time.timeScale = 1.0f;
            }
        }
    }
}
```

下面对上述代码进行解释。

① 声明一个公共的布尔变量，用于控制何时需要 GUI 显示失败按钮。

② 添加一条 if 语句，用于检测_playerLives 是否小于或等于 0。

- 如果检测结果为 true，labelText、showLossScreen 和 Time.timeScale 将全部得到更新。
- 如果在与敌人发生碰撞后玩家还活着，labelText 会显示一条不同的信息。

③ 持续检测 showLossScreen 是否为 true，如果为 true，就创建并显示一个按钮，这个按钮的大小和胜利按钮相同，但显示不同的文字。当玩家单击失败按钮时，将重启关卡，并将 timeScale 重置为 1，以便重新启用输入和移动功能。

9.4　重构代码以避免代码重复

DRY(Don't Repeat Yourself，不要重复自己)是软件开发人员必须具备的基本理念，它将使你意识到何时可能会做出错误或可疑的决策，并在工作完成后让你有一种满足感。

在实际的编程过程中，经常会产生重复代码。一种有效且明智的处理重复代码的方式是快速识别发生的时间和地点，然后寻求移除它们的最佳方式。这被称为重构，接下来我们将对 GameBehavior 脚本进行重构，并看看重构效果。

1. 实践：创建关卡重启方法

重构现有的关卡重启代码，对 GameBehavior 脚本进行如下更改：

```
public class GameBehavior : MonoBehaviour
{
    // ... No changes needed ...

    // ①
    void RestartLevel()
    {
        SceneManager.LoadScene(0);
        Time.timeScale = 1.0f;
    }

    void OnGUI()
    {
        GUI.Box(new Rect(20, 20, 150, 25), "Player Health: " +
        _playerLives);
        GUI.Box(new Rect(20, 50, 150, 25), "Items Collected: " +
        _itemsCollected);
        GUI.Label(new Rect(Screen.width / 2 - 100, Screen.height - 50,
        300, 50), labelText);

        if(showWinScreen)
        {
            if(GUI.Button(new Rect(Screen.width/2 - 100,
```

```
            Screen.height/2 - 50, 200, 100), "YOU WON!"))
            {
                // ②
                RestartLevel();
            }
        }

        if(showLossScreen)
        {
            if(GUI.Button(new Rect(Screen.width / 2 - 100,
            Screen.height / 2 - 50, 200, 100), "You lose..."))
            {
                RestartLevel();
            }
        }
    }
}
```

下面对上述代码进行解释。

① 声明一个名为 RestartLevel 的私有方法，其中的代码与 OnGUI 方法中用于处理胜利/失败按钮单击事件的代码相同。

② 将 OnGUI 方法中重复的有关重启关卡的代码用 RestartLevel 方法替换掉。

2. 重构胜利/失败代码

脑海中有了重构的思想后，你可能会注意到：用于更新 labelText、showWinScreen/showLossScreen 和 Time.timeScale 的代码在 Lives 和 Items 变量的 set 语句块中重复了。可以编写一个私有方法，用它携带上面提及的需要更新的那些变量的每一个参数，然后将 Lives 和 Items 中的重复代码替代掉。

9.5 小测验——人工智能和导航系统

1. 在 Unity 场景中如何创建 NavMesh？
2. 哪个组件能使游戏对象被 NavMesh 识别出来？
3. 为一个或多个有序对象执行相同的逻辑时使用的是什么编程技术？
4. DRY 的含义是什么？

9.6 本章小结

至此，我们实现了敌人和玩家的交互。我们可以处理伤害、生命值的减少以及反击，同时对 GUI 界面进行更新。每一个游戏对象只负责自己的行为、内部逻辑以及物体碰撞，游戏管理器则负责跟踪处理那些用来管理游戏状态的变量。

此时，你可能有了一些成就感。在学习一种新的编程语言的同时，制作一款可运行的游戏并不是一件容易的事情。第 10 章将介绍有关 C#的更多中级话题。

第 III 部分

提升你的 C#代码

本书第III部分将涵盖更多的 C#中级话题，比如接口、泛型以及设计模式，同时还将为读者提供一些资源和阅读材料，以方便进一步提升编程技能。

- 第 10 章“回顾类型、方法和类”。
- 第 11 章“探索泛型、委托等”。
- 第 12 章“旅行继续”。

阅读完本书后，你将对 Unity、C#以及许多编程技能有足够的认知，这些知识足以使你成为程序员或游戏开发者，你将能够融入开发者社区并做出自己的贡献！

第10章 回顾类型、方法和类

我们已经编写了游戏机制，并且和 Unity 内置类打过交道。现在让我们拓展一下 C#核心知识，重点介绍已经奠定好基础的中间应用。前面我们已经学习了变量、类型、方法和类，本章将涉及它们更深层次的应用以及相关案例。本章将要谈到的许多内容并不适用于当前的 Hero Born 游戏项目，所以我们只进行理论上的探讨，并非针对当前的游戏原型。

本章不会介绍游戏机制和 Unity 的具体特性，而是围绕以下几个主题展开：

- 中间修饰符。
- 方法的重载。
- out 和 ref 参数。
- 接口。
- 抽象类和重写。
- 类的扩展。
- 命名空间冲突。
- 类型别名。

10.1 访问修饰符再探

我们已经习惯于 public 和 private 访问修饰符与声明的变量成对出现，但仍然有许多修饰符关键字并没有用到。本章无法详细介绍所有的修饰符关键字，而是重点介绍其中的 5 个，这将有助于你进一步了解 C#语言以及提升编程技能：

- const
- readonly
- static
- abstract
- override

注意：

通过访问链接 https://docs.microsoft.com/en-us/dotnet/csharp/language-reference/keywords/modifiers，可以获得可用的修饰符关键字的完整列表。

10.1.1 常量和只读属性

在变量的访问修饰符之后加上 const 关键字，变量就成了不可修改的常量，但这仅限于变量是内置的 C#类型的情况。GameBehavior 类中的 maxItems 变量就是一个很好的例子：

```
public const int maxItems = 4;
```

但是，常量存在只能在声明时进行赋值的问题，这意味着 maxItems 不能没有初始值。

使用 readonly 关键字声明一个变量后，这个变量的值将会和变量一样，也不能被修改，但允许在任何时候进行初始化。

```
public readonly int maxItems;
```

10.1.2 使用 static 关键字

前面讨论过如何创建类的实例，并且实例拥有类的所有属性和方法。在进行面向对象功能的开发时经常会用到这种方式，但并不是所有的类都必须实例化。另外，并非所有的属性都必须属于某个特定的实例。然而，静态类是被密封的，这意味着在类的继承中不能使用静态类。

Utility 工具类就是静态类，因而其中的所有方法都不会依赖于某个特定的对象。

1. 实践：创建静态类

下面创建一个新的类，其中的方法用于处理一些原始计算或不依赖于游戏具体玩法的重复逻辑。

(1) 在 Scripts 文件夹中新建一个名为 Utilities 的 C#脚本。

(2) 打开这个脚本，并添加如下代码：

```
using System.Collections;
using System.Collections.Generic;
using UnityEngine;

// ①
using UnityEngine.SceneManagement;

// ②
public static class Utilities
{
    // ③
    public static int playerDeaths = 0;

    // ④
    public static void RestartLevel()
    {
        SceneManager.LoadScene(0);
        Time.timeScale = 1.0f;
    }
}
```

(3) 从 GameBehavior 脚本中删除 RestartLevel 方法，同时参照下面的代码修改 OnGUI 方法。

```
void OnGUI()
{
    // ... No other changes needed ...
```

```
        if(showWinScreen)
        {
            if(GUI.Button(new Rect(Screen.width/2 - 100,
            Screen.height/2 - 50, 200, 100), "YOU WON!"))
            {
                // ⑤
                Utilities.RestartLevel();
            }
        }

        if(showLossScreen)
        {
            if(GUI.Button(new Rect(Screen.width / 2 - 100,
            Screen.height / 2 - 50, 200, 100), "You lose..."))
            {
                 Utilities.RestartLevel();
            }
        }
    }
```

下面对步骤(2)中的代码进行解释。

① 引入 SceneManagement 命名空间以便访问 LoadScene 方法。

② 声明 Utilities 为静态类。

③ 创建公共的静态变量 playerDeaths，用于存储玩家死亡和重新开始游戏的次数。

④ 声明公共的静态方法 RestartLevel，用于存放重启关卡的逻辑，这段逻辑目前被硬编码于 GameBehavior 类中。

⑤ 无论是单击胜利按钮还是失败按钮，都会调用静态类 Utilities 的 RestartLevel 方法。需要注意的是，可以直接调用 RestartLevel 方法，而不需要先实例化静态类 Utilities，之后再调用 RestartLevel 方法。

刚刚发生了什么

将用于重启游戏的逻辑代码从 GameBehavior 类移入静态工具类 Utilities，可使代码库调用这些逻辑代码时变得更容易。工具类 Utilities 被标记为静态类，这使得在使用其成员之前，无须创建或管理 Utilities 实例。

注意：
非静态类既可以拥有静态的属性和方法，也可以拥有非静态的属性和方法。一旦把一个类标记为静态的，那么这个类的所有属性和方法也将变为静态的。

10.2　方法再探

自从我们学习如何使用方法以来，方法已成为代码的重要组成部分。本节将进一步探讨方法，包括方法重载，以及如何通过使用 ref 和 out 参数将方法作为引用类型使用。

10.2.1　方法重载

方法重载是指在一个类中定义多个同名的方法，但这些方法具有不同的方法签名。方法签名由方法名及参数列表组成，C#编译器将依据方法签名识别方法。以下面的方法为例：

```
public bool AttackEnemy (int damage) {}
```

AttackEnemy 的方法签名如下：

```
AttackEnemy(int)
```

我们已经知道了 AttackEnemy 方法的方法签名，在保持方法名不变的情况下，可通过修改参数的数量或类型对方法进行重载。当一个给定的操作需要多个选项时，使用方法重载会让操作变得很灵活。

GameBehavior 脚本中的 RestartLevel 方法就是重载方法被派上用场的典型示例。目前，RestartLevel 方法只能重新启动当前场景，一旦游戏被扩展为包含多个场景，该怎么办呢？可以对 RestartLevel 方法进行重构，让其接收一个参数列表，但这种操作可能会使代码变得臃肿和混乱。

1. 实践：重载关卡重启方法

下面重载 RestartLevel 方法。

(1) 打开 Utilities 类并添加如下代码：

```
public static class Utilities
```

```
{
    public static int playerDeaths = 0;

    public static void RestartLevel()
    {
        SceneManager.LoadScene(0);
        Time.timeScale = 1.0f;
    }

    // ①
    public static bool RestartLevel(int sceneIndex)
    {
        // ②
        SceneManager.LoadScene(sceneIndex);
        Time.timeScale = 1.0f;

        // ③
        return true;
    }
}
```

(2) 打开 GameBehavior 类，对 OnGUI 方法中的 Utilities.RestartLevel 方法进行如下修改：

```
if(showWinScreen)
{
    if(GUI.Button(new Rect(Screen.width/2 - 100, Screen.height/2 -
    50, 200, 100), "YOU WON!"))
    {
        // ④
        Utilities.RestartLevel(0);
    }
}
```

下面对上述代码进行解释。

① 声明 RestartLevel 方法的重载版本，这个版本带有一个 int 类型的参数，并且

返回一个布尔类型的值。

② 调用 LoadScene 方法并传入 sceneIndex 参数，而不是将值硬编码于方法内部。

③ 新的场景加载完毕后，重置 timeScale 属性并返回 true。

④ 当单击胜利按钮时，为重载版本的 RestartLevel 方法传入参数 0。Visual Studio 将自动识别所有的重载版本，并且将数量显示出来，如图 10-1 所示。

```
if (showWinScreen)
{
    if (GUI.Button(new Rect(Screen.width/2 - 100, Screen.height/2 - 50, 200, 100), "YOU WON!"))
    {
        Utilities.RestartLevel()
    }                                  bool Utilities.RestartLevel(int sceneIndex)   ▲ 2 of 2 ▼
}
```

图 10-1　自动识别所有的重载版本并显示数量

刚刚发生了什么

RestartLevel 方法的功能变得更加可定制化，可以考虑后续我们可能面临的其他情况了。

注意：

方法重载并不仅限于静态方法，任何方法都可以被重载，只要方法签名与原始方法不同即可。

10.2.2　ref 参数

在第 5 章，我们已经谈论过类和结构体。在使用类、结构体和面向对象编程的过程中，我们发现并不是所有的对象都以相同的方式进行传递：值类型通过复制进行传递，引用类型通过引用进行传递。然而，它们具体是如何传递的，我们并没有讨论。

一般来讲，参数通过值类型进行传递，这意味着变量在传入方法后，在方法内部对变量的值所做的任何修改，都不会对变量产生任何影响。在大多数情况下，这种方法是可行的，然而在有些情况下，我们希望方法的参数能以引用的形式进行传递；在声明时，在参数的前面加上 ref 或 out 关键字，就可以将参数标记为引用类型。

使用 ref 关键字时需要注意的事项如下：

- 在传入方法前，参数需要进行初始化。
- 在方法结束前，不需要对引用类型的参数进行初始化或赋值。
- get 或 set 访问器是属性，它们不能当作 ref 或 out 参数使用。

1. 实践：追踪玩家重新开始游戏

下面创建一个方法以更新 playerDeaths，这个方法的参数将以引用的形式进行传递。打开 Utilities 脚本，并添加如下代码：

```
public static class Utilities
{
    public static int playerDeaths = 0;

    // ①
    public static string UpdateDeathCount(ref int countReference)
    {
        // ②
        countReference += 1;
        return "Next time you'll be at number " + countReference;
    }

    public static void RestartLevel()
    {
        SceneManager.LoadScene(0);
        Time.timeScale = 1.0f;

        // ③
        Debug.Log("Player deaths: " + playerDeaths);
        string message = UpdateDeathCount(ref playerDeaths);
        Debug.Log("Player deaths: " + playerDeaths);
    }

    public static bool RestartLevel(int sceneIndex)
    {
       // ... No changes needed ...
    }
}
```

下面对上述代码进行解释。

① 声明一个静态方法，返回值是一个字符串，并且接收一个通过引用方式进行传递的 int 参数。

② 直接将引用参数的值加 1，并在返回的结果中包含新的值。

③ 在RestartLevel方法中，在将playerDeaths变量以引用形式传给UpdateDeathCount

方法的前后，打印出 playerDeaths 的值。

刚刚发生了什么

调试信息显示，在 UpdateDeathCount 方法中，playerDeaths 的值是 1 而不是 0，因为 playerDeaths 是以引用而非值的形式传入方法的，如图 10-2 所示。

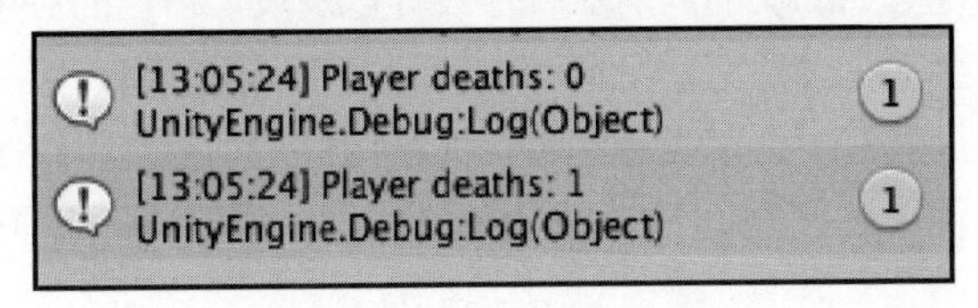

图 10-2　控制台的输出结果

提示：

这里使用 ref 关键字是为了方便举例，你也可以直接在 UpdateDeathCount 方法中对 playerDeaths 的值进行更新，或者在 RestartLevel 方法的内部添加逻辑，使得当玩家由于游戏失败需要重新开始游戏时触发 UpdateDcathcount 方法。

10.2.3　out 参数

out 关键字的作用与 ref 关键字类似，但也存在如下区别：

- 在传入方法之前，参数不需要进行初始化。
- 在调用的方法返回之前，被引用的参数需要进行初始化或赋值。

例如，只要在返回之前对参数 countReference 进行初始化或赋值，将 UpdateDeathCount 方法中的 ref 关键字替换为 out 关键字就可以。

```
public static string UpdateDeathCount(out  int countReference)
{
    countReference =   1;
    return "Next time you'll be at number " + countReference;
}
```

out 关键字适用于一个方法有多个返回值的情况，而 ref 关键字适用于只需要修改引用的值的情况。

10.3 OOP 回顾

面向对象的思维方法对于创建有意义的应用程序以及理解 C#语言的工作原理至关重要。但棘手的是，当涉及面向对象程序设计以及设计自己的对象时，类和结构体本身并不是代码的全部。虽然它们一直都被认为是代码的基石，但类被限制为单例继承，这也就意味着只能有一个父类或超类，而结构体是不能进行继承的。于是，现在你需要问自己一个简单的问题："如何从相同的蓝图中创建拥有不同实现的对象？"

10.3.1 接口

一种将功能聚合在一起的方法是使用接口。与类一样，接口是数据和行为的蓝图，但有如下重要不同之处：接口没有真正的逻辑实现，也不存储任何值。相反，接口需要采用类或结构体来实现自身定义的值和方法。接口的伟大之处在于：类和结构体都可以使用接口，并且对于单个对象具体可以使用多少个接口没有上限要求。

例如，如果希望敌人能够在玩家靠近时对玩家进行射击，该怎么呢？可以创建一个父类，玩家和敌人都是其派生类，这将使玩家和敌人基于相同的蓝图。问题是：敌人和玩家不一定有相同的行为和数据。处理上述问题的一种有效方法是定义一些带有射击对象需要做什么的接口，然后让敌人和玩家实现这些接口。这样，玩家和敌人就可以在自由分离的同时，共享相同的功能。

1. 实践：创建管理器接口

如何使用接口重构射击机制？我们将把这项任务当作挑战留给读者。但在此之前，你仍然需要知道如何在代码中创建和实现接口。接下来我们将创建一个接口，并且假设游戏中所有的管理器脚本都需要实现这个接口，以便拥有相同的结构。在 Scripts 文件夹中创建一个新的 C#脚本，命名为 IManager，在其中添加如下代码：

```
using System.Collections;
using System.Collections.Generic;
using UnityEngine;


// ①
public interface IManager
{
    // ②
    string State { get; set; }
```

```
    // ③
    void Initialize();
}
```

下面对上述代码进行解释。

① 使用 interface 关键字声明一个名为 IManager 的公共接口。

② 在 IManager 接口中，声明一个名为 State 的字符串类型的变量，使其拥有 get 和 set 访问器，从而存储实现类的当前状态。

提示：
接口的所有属性至少需要一个 get 访问器才能通过编译，但如果需要的话，也可以同时拥有 get 和 set 访问器。

③ 定义一个名为 Initialize 的没有返回类型的方法，由实现类去实现。

2. 实践：接口的实现

为了简单起见，下面创建一个游戏管理器来实现前面定义的接口。对 GameBehavior 脚本进行如下修改：

```
// ①
public class GameBehavior : MonoBehaviour, IManager
{
    // ②
    private string _state;

    // ③
    public string State
    {
    get { return _state; }
    set { _state = value; }
    }

    // ... No other changes needed ...

    // ④
    void Start()
    {
```

```
            Initialize();
        }

        // ⑤
        public void Initialize()
        {
            _state = "Manager initialized..";
            Debug.Log(_state);
        }

        void OnGUI()
        {
            // ... No changes needed ...
        }
    }
```

下面对上述代码进行解释。

① 声明 GameBehavior 类实现了 IManager 接口，语法就像子类化那样。

② 添加一个私有变量，用于支持从 Imanager 接口实现的公共变量 State。

③ 添加一个在 IManager 接口中已经声明过的公共变量 State，并使用_state 作为其私有的支持变量。

④ 声明 Start 方法并调用 Initialize 方法。

⑤ 声明一个在 IManager 接口中已经声明过的方法 Initialize，并在其实现中设置和打印出公共变量 State 的值。

刚刚发生了什么

GameBehavior 脚本不仅实现了 IManager 接口，还实现了其中的 State 和 Initialize 成员。最重要的是，这种实现是特定于 GameBehavior 脚本的；如果还有其他的管理类，那么可以使用不同的逻辑做同样的事，如图 10-3 所示。

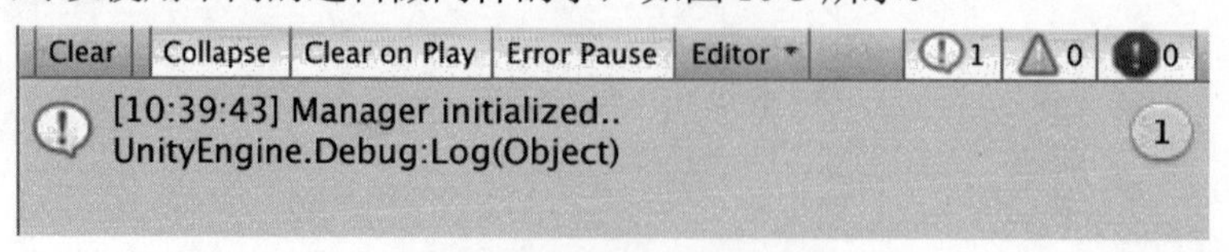

图 10-3　控制台的输出结果

10.3.2　抽象类

另一种分离通用蓝图并在对象之间共享它们的方法是使用抽象类。和接口一样，抽象类中的方法不能包含任何实现逻辑；但是，抽象类允许存储变量的值。任何继承自抽象类的类，都必须全部实现使用 abstract 关键字标记的变量和方法。当需要一个类继承自没有默认实现的基类时，这种方法显得特别有用。

例如，IManager 接口的功能就可以使用如下抽象类替代：

```
// ①
public abstract class BaseManager
{
    // ②
    protected string _state;
    public abstract string state { get; set; }

    // ③
    public abstract void Initialize();
}
```

下面对上述代码进行解释。

① 使用 abstract 关键字声明一个名为 BaseManager 的抽象类。

② 创建两个变量。

- 名为_state 且访问修饰符为 protected 的字符串类型的变量，只能由继承自 BaseManager 抽象类的类访问。
- 使用 abstract 关键字修饰的名为 state 的字符串类型的属性包含了 get 和 set 访问器，因而需要由子类来实现。

③ 添加一个使用 abstract 关键字修饰的名为 Initialize 的方法，这个方法同样也需要由子类来实现。

如此设置之后，BaseManager 抽象类就拥有了和 IManager 接口类似的功能，并且允许子类使用 override 关键字定义它们自己的 state 和 Initialize 实现：

```
// ①
public class CombatManager: BaseManager
{
    // ②
    public override string state
```

```
    {
        get { return _state; }
        set { _state = value; }
    }

    // ③
    public override void Initialize()
    {
        _state = "Manager initialized..";
        Debug.Log(_state);
    }
}
```

下面对上述代码进行解释。

① 声明一个名为 CombatManager 的新类，这个类继承自抽象类 BaseManager。

② 使用 override 关键字实现 BaseManager 抽象类的 state 变量。

③ 再次使用 override 关键字实现 Initialize 方法，并设置访问修饰符为 protected 的_state 变量的值。

接口允许在不相关的对象之间扩展和共享部分功能。就代码而言，类似于乐高玩具。

另外，抽象类能保持面向对象编程的单继承结构，同时将类的实现与蓝图分离。这些技术可以混合搭配使用，比如，抽象类可以像非抽象类那样实现接口。

提示：

通过访问 https://docs.microsoft.com/en-us/dotnet/csharp/language-reference/keywords/abstract 和 https://docs.microsoft.com/en-us/dotnet/csharp/language-reference/keywords/interface，你可以了解更多与抽象类和接口相关的知识。

10.3.3 类的扩展

下面先避开自定义对象，谈谈如何对现有的类进行扩展，以满足我们的需求。对类进行扩展时，背后的思想很简单：针对现有的 C#内置类，添加希望它们拥有的任何功能。由于无法访问 C#内置的底层代码，因此这是对已有对象进行行为自定义的唯一途径。

类只能通过方法进行修改，而不允许通过变量或其他实体进行修改。尽管存在很大的局限性，但这能使语法保持一致：

```
public static returnType MethodName(this ExtendingClass localVal) {}
```

扩展方法的声明与普通方法的声明相比，语法规则相同，但需要注意如下几点：

- 所有的扩展方法都必须标记为静态方法。
- 第一个参数必须使用 this 关键字，后面紧跟目标扩展类的名称以及一个局部变量。
  - 这种特殊的参数将使得编译器将方法标识为扩展方法，并为现有类提供本地引用。
  - 可以使用这个局部变量访问任何类的方法和属性。

1. 实践：扩展 string 类

接下来，我们将通过为 string 类添加自定义方法来了解类的扩展。在 Scripts 文件夹中创建一个新的 C#脚本，命名为 CustomExtensions，在其中添加如下代码：

```
using System.Collections;
using System.Collections.Generic;
using UnityEngine;

// ①
namespace CustomExtensions
{
    // ②
    public static class StringExtensions
    {
        // ③
        public static void FancyDebug(this string str)
        {
        // ④
            Debug.LogFormat("This string contains {0}
                 characters.",str.Length);
        }
    }
}
```

下面对上述代码进行解释。

① 声明一个名为 CustomExtensions 的命名空间，用于容纳与扩展相关的所有类和

方法。

② 声明一个名为 StringExtensions 的静态类。

③ 在 StringExtensions 静态类中添加一个名为 FancyDebug 的静态方法。

- 第一个参数 this string str 将使得编译器将 FancyDebug 方法标记为扩展方法。
- 在使用文本调用 FancyDebug 方法时，参数 str 将持有文本的引用；可将 str 看作所有字符串的替身，还可在方法体中对其进行操作。

④ 每当调用 FancyDebug 方法时，就会打印输出一条调试信息，可使用 str.Length 引用调用该方法的字符串变量。

2. 实践：使用扩展方法

为了使用前面扩展的字符串方法，需要将其包含到任何想要使用它的类中。打开 GameBehavior 脚本，修改其中的代码，如下所示：

```
using System.Collections;
using System.Collections.Generic;
using UnityEngine;

// ①
using CustomExtensions;

public class GameBehavior : MonoBehaviour, IManager
{
    // ... No changes needed ...

    void Start()
    {
        // ... No changes needed ...
    }

    public void Initialize()
    {
        _state = "Manager initialized..";
        // ②
        _state.FancyDebug();
        Debug.Log(_state);
```

```
        }

        void OnGUI()
        {
            // ... No changes needed ...
        }
    }
```

下面对上述代码进行解释。

① 使用 using 指令添加命名空间 CustomExtensions。

② 在 Initialize 方法中，使用_state.FancyDebug 打印输出字符串_state 所含字符的个数。

刚刚发生了什么

我们使用 FancyDebug 方法扩展了整个 string 类，这意味着任何字符串变量都可以访问该方法。因为 FancyDebug 方法的第一个参数拥有调用该方法的任何字符串值的引用，所以字符串的长度可以被正确打印出来，如图 10-4 所示。

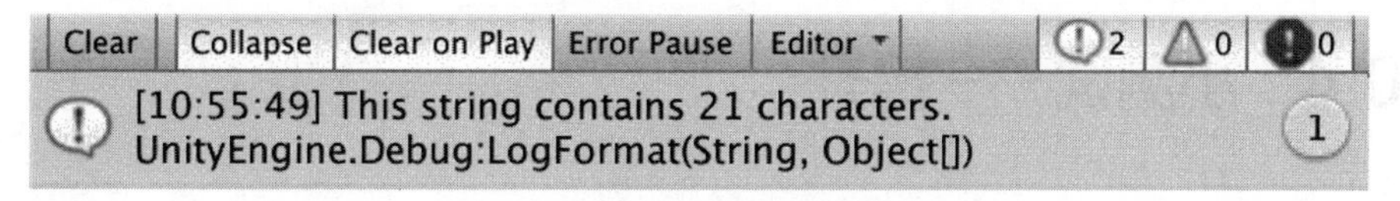

图 10-4　可以正确打印字符串的长度

注意：

自定义类也可以使用同样的语法进行扩展，但更常见的做法是直接添加额外的功能。

10.3.4　命名空间回顾

当应用程序变得越来越复杂时，你会选择将代码分到不同的命名空间，从而确保可以随时随地访问它们。你还可以通过使用第三方软件工具和插件(他人已经实现并对外开放的功能)来节省时间。这两种情况都表明你的编程技能正在提升，但它们也可能导致命名空间冲突。

命名空间冲突通常发生于有两个或多个类使用相同名称的情况下，这种情况的发生要比你预期的多得多。即使良好的命名习惯往往也会导致类似的结果，在你意识到之前，Visual Studio 会抛出错误提示。幸运的是，C#为此提供了一种简单的解决方案：类型别名。

通过定义类型别名可以明确地选择要在给定的类中使用哪种冲突类型，抑或为现有的冗长名称创建更加容易使用的别名。类型别名需要使用 using 指令添加到类文件的顶部，例如：

```
using aliasName = type;
```

如果想创建类型别名来引用现有的 Int64 类型，可以这样做：

```
using CustomInt = System.Int64;
```

现在，CustomInt 就是 System.Int64 的类型别名，编译器会把 CustomInt 当作 Int64 类型使用：

```
public CustomInt playerHealth = 100;
```

注意：

既可以对自定义类型使用类型别名，也可以对现有的具有相同语法的类型使用别名。只要使用 using 指令，将它们声明到脚本文件的顶部即可。

10.4 小测试——提升

1. 使用哪个关键字可以将变量标记为不可修改？
2. 如何创建基类方法的重载版本？
3. 类和接口之间的主要区别是什么？
4. 如果类中出现了命名空间冲突，如何解决？

10.5 本章小结

在了解了新的修饰符关键字、方法重载以及面向对象技能后，我们离 C#之旅的终点就只有一步之遥了。请记住，你从本书获得的 C#编程知识，将有助于你考虑更复杂的应用程序。请把它们作为起点，继续学习下去。

在第 11 章，我们将讨论泛型编程的基础知识，同时获取一些有关委托和事件的实际操作经验，最后学习异常处理。

第11章 探索泛型、委托等

在编程方面花费的时间越多，对系统的思考也就越多。前几章讲解了类和对象如何交互、通信以及交换数据；现在的问题是，如何使它们变得更加安全且有效。

本章将讨论泛型编程、委托、事件创建以及错误处理。这些主题中的任何一个都是很大的研究领域，请把你从本章学到的知识应用到自己的项目中。在完成实际的编码之后，本章将会简要地概述设计模式以及它们如何在你之后的编程之旅中发挥作用。

本章将讨论以下主题：

- 泛型编程。
- 使用委托。
- 创建事件和订阅。
- 抛出和处理错误。
- 理解设计模式。

11.1 泛型介绍

在前面的章节中，我们定义和使用的类型都非常具体。但是，在某些情况下，我们需要类或方法以相同的方式处理实体，不管是什么类型，都要求类型是安全的。泛型编程允许我们使用占位符而不是具体的类型来创建可重用的类、方法及变量。

当泛型类的实例被创建或泛型方法被调用时，系统才会分配具体的类型。在泛型编程中，自定义的集合类型通常使用泛型，因为无论元素是什么类型，都需要提供同一种操作。

注意：

在使用列表时，我们就已经发现了这一点，列表本身就是泛型类型。无论列表中存储的是整型数、字符串还是单个字符，都可以访问列表提供的元素添加、移除及修改方法。

11.1.1 泛型对象

泛型类的创建方式和非泛型类一样，但有如下重要不同：泛型类使用的是泛型类型的参数。以列表为例，我们可以自行实现并弄清楚列表的工作原理：

```
public class SomeGenericCollection<T> {}
```

上面定义了一个名为 SomeGenericCollection 的泛型集合类，并指定使用名为 T 的参数类型。现在，T 代表列表中存储的元素的类型，你可以像使用其他类型一样在泛型类中使用 T 类型。

当创建 SomeGenericCollection 实例时，需要指定想要存储的值的类型：

```
SomeGenericCollection<int> highScores = new
    SomeGenericCollection<int>();
```

于是，highScores 将存储整型值，这里的 T 被指定为 int 类型，SomeGenericCollection 泛型类将以同样的方式处理任何元素类型。

注意：

你完全可以按照自己的意愿对泛型参数进行命名，但许多编程语言选择使用大写字母 T。为了保持一致性和提高可读性，请考虑也使用大写字母 T 进行命名。

实践：创建泛型集合

下面创建一个更完整的泛型类，用于存储一些虚拟物品。

(1) 在文件夹 Scripts 中创建一个名为 InventoryList 的 C#脚本，在其中添加如下代码：

```
using System.Collections;
using System.Collections.Generic;
```

```
using UnityEngine;

// ①
public class InventoryList<T>
{
    // ②
    public InventoryList()
    {
        Debug.Log("Generic list initalized...");
    }
}
```

(2) 在 GameBehavior 脚本中创建一个 InventoryList 实例：

```
public class GameBehavior : MonoBehaviour, IManager
{
    // ... No changes needed ...

    void Start()
    {
        Initialize();

        // ③
        InventoryList<string> inventoryList = new
             InventoryList<string>();
    }

    // ... No changes to Initialize or OnGUI ...
}
```

下面对上述代码进行解释。

① 声明一个名为 InventoryList 的泛型类，使用 T 作为类型参数。

② 添加一个默认的构造函数，并在创建一个新的 InventoryList 实例后，打印一条简单的日志。

③ 在 GameBehavior 脚本中创建一个 InventoryList 实例，用于存储字符串类型的值。控制台的输出结果如图 11-1 所示。

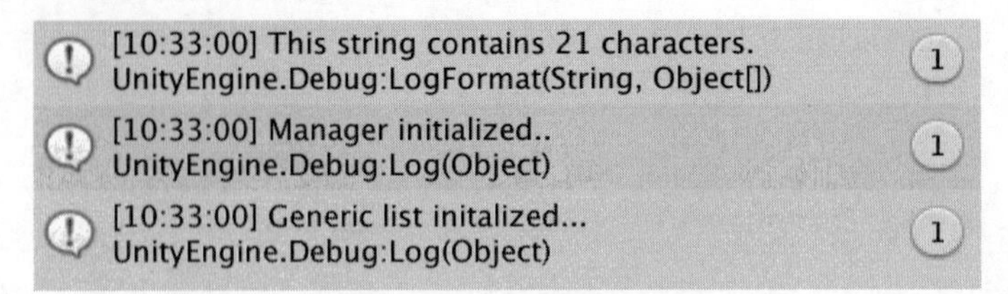

图 11-1　控制台的输出结果

刚刚发生了什么

这里没有执行任何功能性任务，但 Visual Studio 能识别出 InventoryList 是泛型类，因为使用了泛型参数 T，这使得 InventoryList 泛型类本身可以包含额外的泛型操作。

11.1.2　泛型方法

标准的泛型方法需要像泛型类一样使用占位符作为类型参数，根据需求，占位符允许被包含于泛型类或非泛型类中：

```
public void GenericMethod<T>(T genericParameter) {}
```

可以在方法体的内部使用类型 T，并在实际调用泛型方法时进行定义：

```
GenericMethod<string>("Hello World!");
```

另外，如果想在泛型类中声明泛型方法，也可以使用占位符 T 而不必重新指定：

```
public class SomeGenericCollection<T>
{
   public void NonGenericMethod(T genericParameter) {}
}
```

你可以在非泛型方法中使用泛型类型的参数，这不会有任何问题，因为泛型类已经分配了具体类型：

```
SomeGenericCollection<int> highScores = new
    SomeGenericCollection<int>();
highScores.NonGenericMethod(35);
```

注意：

泛型方法和非泛型方法一样，也可以重载或标记为静态方法。通过访问链接 https://docs.microsoft.com/en-us/dotnet/csharp/programming-guide/generics/generic-methods，你可以了解更多相关信息。

实践：添加泛型方法

接下来，我们为前面定义的泛型类 InventoryList 添加一个泛型方法，然后观察它们是如何配合工作的。

(1) 打开 InventoryList 脚本，并按照如下代码进行更新：

```
public class InventoryList<T>
{
    // ①
    private T _item;
    public T item
    {
        get { return _item; }
        set { _item = value; }
    }

    public InventoryList()
    {
        Debug.Log("Generic list initialized...");
    }

    // ②
    public void SetItem(T newItem)
    {
        // ③
        _item = newItem;
        Debug.Log("New item added...");
    }
}
```

(2) 在 GameBehavior 脚本中，为 inventoryList 添加一些列表元素。

```
public class GameBehavior : MonoBehaviour, IManager
{
    // ... No changes needed ...

    void Start()
    {
        Initialize();
        InventoryList<string> inventoryList = new
        InventoryList<string>();

        // ④
        inventoryList.SetItem("Potion");
        Debug.Log(inventoryList.item);
    }

    public void Initialize()
    {
        // ... No changes needed ...
    }

    void OnGUI()
    {
        // ... No changes needed ...
    }
}
```

下面对上述代码进行解释。

① 添加一个类型为 T 的公共变量 item 以及一个使用同样类型的私有变量_item。

② 在 InventoryList 脚本中声明一个名为 SetItem 的方法，该方法使用了泛型参数 T。

③ 将传给 SetItem 方法的泛型参数作为值赋给_item，并打印一条消息。

④ 使用 SetItem 方法为 inventoryList 的 item 属性分配一个字符 串类型的值，然后打印出来，如图 11-2 所示。

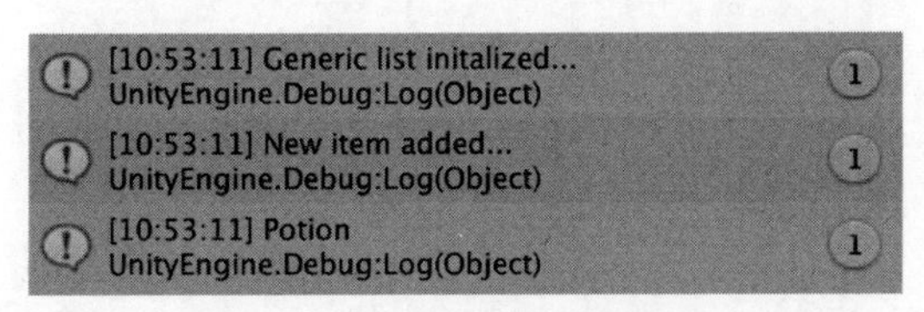

图 11-2　打印添加的列表元素

刚刚发生了什么

可以使用 SetItem 方法来接收创建 InventoryList 泛型类时使用的任何类型的参数，并使用公共的或私有的支持方法来给 InventoryList 分配新的属性。由于 inventoryList 被创建用于存储字符串类型的值，因此给 item 属性分配字符串"Potion"不会有任何问题。这种方法适用于 InventoryList 实例持有的任何参数类型。

11.1.3　约束类型参数

泛型最大的优点之一在于它们的参数类型可以得到限制。这似乎与我们目前了解的泛型理论相悖。虽然类可以包含任何类型，但并不意味着就应该这样。

为了约束泛型的参数类型，需要使用如下语法：

```
public class SomeGenericCollection<T> where T: ConstraintType {}
```

关键字 where 定义了 T 在被当作泛型的参数类型使用前必须遵循的规则。从本质上讲，SomeGenericCollection 可以接收任意类型的参数，只要是 ConstraintType 类型的即可。约束规则并没有多么神秘可怕，事实上，它们就是我们前面已经讨论过的一些概念。

- 添加 class 关键字，约束 T 为类。
- 添加 struct 关键字，约束 T 为结构体。
- 添加接口，例如 IManager，约束 T 为实现了这种接口的类型。
- 添加自定义类，例如 Character，约束 T 只能是这种类类型。

注意：

如果需要以更加灵活的方式处理子类，可以使用 where T : U，参数类型 T 必须是 U 类型或派生自 U 类型。通过访问链接 https://docs.microsoft.com/en-us/dotnet/csharp/programming-guide/generics/ constraints -on-typeParameters，你可以了解更多相关细节。

实践：限制泛型元素

下面约束 InventoryList 只能接收类作为参数类型。打开 InventoryList 脚本，进行如下更改：

```
public class InventoryList<T> where T: class
{
    // ... No changes needed ...
}
```

对于之前的 InventoryList 实例来说，由于 string 是类，因此代码不会出任何问题。然而，如果将参数类型约束为结构体或接口，那么将会报错。当需要使泛型类或泛型方法不支持一些特定的类型时，上面这种方式将非常有用。

11.2 委托行为

有时，对于方法的执行，我们需要进行传递或委托。在 C#中，可以通过委托完成这项工作。委托可以存储方法的引用，并且可以像使用其他变量一样来使用。唯一需要注意的是，委托本身需要和分配的方法拥有相同的标签——就像整型变量只能存储整数、字符串变量只能存储文本一样。

11.2.1 基本语法

创建委托时，需要编写方法并声明变量：

```
public delegate returnType DelegateName(int param1, string param2);
```

首先需要在访问修饰符的后面使用 delegate 关键字，从而向编译器指明声明的是委托类型。委托可以像常规方法那样拥有返回类型和名称，如有需要，也可以拥有参数。然而，以上语法仅仅声明了委托本身；为了使用委托，还需要像使用类一样为委托创建实例：

```
public DelegateName someDelegate;
```

在声明了委托类型的变量之后，分配与委托签名一样的方法就是一件很容易的事：

```
public DelegateName someDelegate = MatchingMethod;

public void MatchingMethod(int param1, string param2)
{
```

```
    // ... Executing code here ...
}
```

需要注意的是，当把 MatchingMethod 方法分配给 someDelegate 变量时，不需要包含括号，因为此时并没有调用该方法。我们实际上是将 MatchingMethod 方法的调用权委托给了 someDelegate，这意味着可以通过如下方式调用该方法：

```
someDelegate();
```

鉴于目前掌握的 C#技能，这可能看起来很麻烦，但是，将方法像变量那样进行存储和执行，迟早会派上用场。

实践：创建调试委托

下面创建一个简单的委托类型来定义一个可以接收一个字符串作为参数的方法，并使用分配的方法将参数的值打印输出。打开 GameBehavior 脚本，添加如下代码。

```
public class GameBehavior : MonoBehaviour, IManager
{
    // ... No other changes needed ...

    // ①
    public delegate void DebugDelegate(string newText);

    // ②
    public DebugDelegate debug = Print;

    // ... No other changes needed ...

    void Start()
    {
        // ... No changes needed ...
    }

    public void Initialize()
    {
        _state = "Manager initialized..";
        _state.FancyDebug();
```

```
        // ③
        debug(_state);
    }

    // ④
    public static void Print(string newText)
    {
        Debug.Log(newText);
    }

    void OnGUI()
    {
        // ... No changes needed ...
    }
}
```

下面对上述代码进行解释。

① 声明一个名为 DebugDelegate 的公共委托类型，用于持有一个可以接收一个字符串作为参数且返回类型为 void 的方法。

② 创建一个名为 debug 的 DebugDelegate 实例，为其分配一个与方法签名匹配的名为 Print 的方法。

③ 在 Initialize 方法内部，调用 debug 委托实例以替代 Debug.Log(_state)。

④ 声明一个静态的且接收一个字符串作为参数的 Print 方法，用于把接收的参数值打印输出到控制台，如图 11-3 所示。

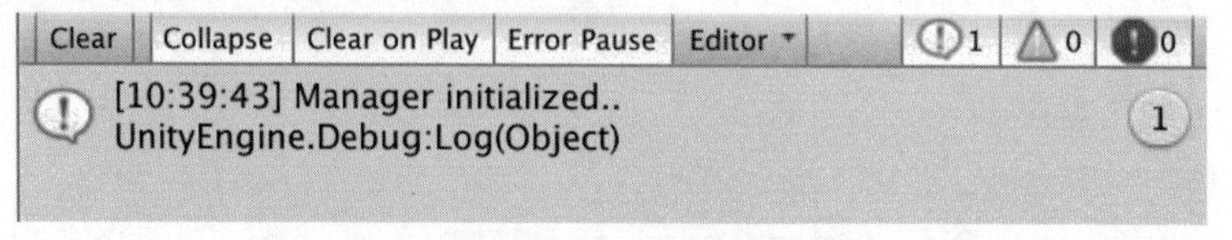

图 11-3　打印输出接收的参数值

刚刚发生了什么

控制台的输出结果没有任何变化，我们没有直接在 Initialize()方法内部调用 Debug.Log 方法，而是将操作委托给了一个名为 debug 的委托实例。当需要方法的存储、传递以及执行就像它们自己的类型一样时，委托将十分有用。我们已经展示了 OnCollisionEnter 和 OnCollisionExit 方法的一些委托示例，它们都是可通过委托进行调用的 Unity 方法。

11.2.2　将委托作为参数类型

前面介绍了如何创建委托类型来存储方法，委托类型本身也可以当作方法参数。将委托类型作为方法参数使用时，与前面所讲的实现方式相比并没有太大区别。

实践：使用委托参数

接下来展示如何将委托类型当作方法参数使用。使用如下代码更新 GameBehavior 脚本：

```
public class GameBehavior : MonoBehaviour, IManager
{
    // ... No changes needed ...

    void Start()
    {
        // ... No changes needed ...
    }

    public void Initialize()
    {
        _state = "Manager initialized..";
        _state.FancyDebug();

        debug(_state);

        // ①
        LogWithDelegate(debug);
    }

    public static void Print(string newText)
    {
        // ... No changes needed ...
    }
```

```
    // ②
    public void LogWithDelegate(DebugDelegate delegate)
    {
        // ③
        delegate("Delegating the debug task...");
    }

    void OnGUI()
    {
        // ... No changes needed ...
    }
}
```

下面对上述代码进行解释。

① 调用 LogWithDelegate 方法，并将 debug 变量作为参数传入。

② 声明一个名为 LogWithDelegate 的方法，该方法接收一个 DebugDelegate 实例作为参数。

③ 调用委托参数的方法，并传入将要打印输出的字符串文本。控制台的输出结果如图 11-4 所示。

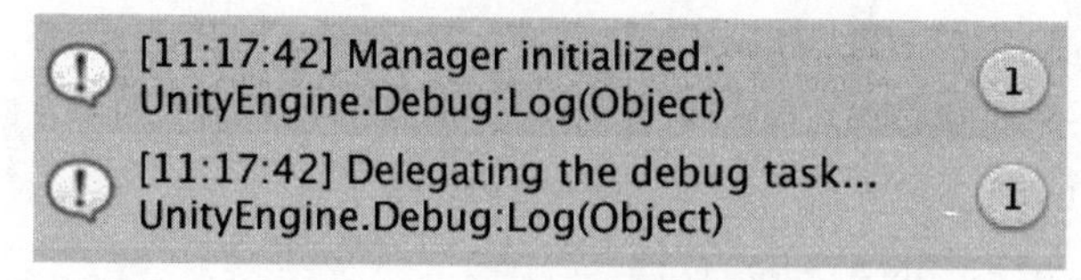

图 11-4　控制台的输出结果

刚刚发生了什么

我们创建了一个接收 DebugDelegate 实例作为参数的方法，这意味着实际传入的参数可以当作方法使用。

提示：

如果错失重要的知识衔接点，就很容易在委托中迷失自我，请从本节开始的地方重新温习，并通过访问链接 https://docs.microsoft.com/en-us/dotnet/csharp/programming-guide/delegates/来查阅更多相关知识。

11.3　发送事件

C#事件允许在游戏或应用程序中以基于行为的方式创建订阅系统。例如，当玩家搜集道具或者按下空格键时，如果想发送事件，就可以那样做。然而，当事件发送后，系统并不会自动拥有用于处理事件行为的订阅者或接收方。

任何类都可以订阅或取消订阅来自触发事件调用类发送的事件。例如，当你通过 Facebook 分享新的帖子时，你的手机会收到通知，事件形成了一条分布式信息高速公路，能够实现跨应用程序分享操作和数据。

11.3.1　基本语法

声明事件和声明委托类似，因为事件都有特定的方法签名。事实上，可以首先使用委托指定希望事件拥有的方法签名，然后使用 delegate 和 event 两个关键字创建事件：

```
public delegate void EventDelegate(int param1, string param2);
public event EventDelegate eventInstance;
```

这种设置将允许我们把 eventInstance 作为方法使用。因为是委托类型，所以这意味着我们可以在任何时候通过调用 eventInstance 来发送事件：

```
eventInstance(35, "John Doe");
```

事件在发送后，将由订阅者负责处理。

实践：创建事件

下面创建事件并在玩家跳跃时触发。打开 PlayerBehavior 脚本，并进行如下修改：

```
public class PlayerBehavior : MonoBehaviour
{
    // ... No other variable changes needed ...

    // ①
    public delegate void JumpingEvent();

    // ②
    public event JumpingEvent playerJump;
```

```
    void Start()
    {
      // ... No changes needed ...
    }

    void Update()
    {
        _vInput = Input.GetAxis("Vertical") * moveSpeed;
        _hInput = Input.GetAxis("Horizontal") * rotateSpeed;

        if(IsGrounded() && Input.GetKeyDown(KeyCode.Space))
        {
            _rb.AddForce(Vector3.up * jumpVelocity,
                         ForceMode.Impulse);

            // ③
            playerJump();
        }
    }

    // ... No changes needed in FixedUpdate,
           IsGrounded, or
           OnCollisionEnter
}
```

下面对上述代码进行解释。

① 声明一个新的委托类型，返回类型为空且没有参数。

② 创建一个 JumpingEvent 类型的事件，名为 playerJump，可视为与返回值为空且没有参数的委托签名相一致的方法。

③ 在施加外力后，在 Update 方法中调用 playerJump。

刚刚发生了什么

我们创建了一个简单的委托类型，它不接收参数，也没有返回值。当玩家跳跃时，就会触发 playerJump 事件。玩家每跳起一次，playerJump 事件就会被发送给接收者，通知它们执行这个动作。

11.3.2　处理事件订阅

目前，playerJump 事件还没有订阅者，但添加订阅者是件很容易的事情，添加方式与将方法的引用分配给委托类型非常类似。

```
someClass.eventInstance += EventHandler;
```

因为事件是属于声明它们的类的变量，而订阅者是一些其他的类，所以订阅者需要引用包含事件的类。+=操作符用于分配方法，并且分配的方法将在事件执行时触发，就像设置 out-of-office 邮件一样。和分配委托一样，事件处理方法必须与事件类型的方法标签相匹配。在前面的语法示例中，EventHandler 需要满足以下要求：

```
public void EventHandler(int param1, string param2) {}
```

当需要取消订阅事件时，执行简单的反向操作即可：

```
someClass.eventInstance -= EventHandler;
```

提示：
在初始化或销毁类时，处理事件订阅会使得管理多个事件变得容易，避免产生混乱的代码。

实践：订阅事件

当前，每当玩家跳起时就会触发事件。接下来定义用于捕获这种行为的方法。打开 GameBehavior 脚本，对代码进行如下更新：

```
public class GameBehavior : MonoBehaviour, IManager
{
    // ... No changes needed ...

    void Start()
    {
        // ... No changes needed ...
    }

    public void Initialize()
    {
```

```
            _state = "Manager initialized..";
            _state.FancyDebug();
            debug(_state);
            LogWithDelegate(debug);

            // ①
            GameObject player = GameObject.Find("Player");

            // ②
            PlayerBehavior playerBehavior =
                player.GetComponent<PlayerBehavior>();

            // ③
            playerBehavior.playerJump += HandlePlayerJump;
        }

        // ④
        public void HandlePlayerJump()
        {
            debug("Player has jumped...");
        }

        // ... No changes in Print,
               LogWithDelegate, or
               OnGUI ...
    }
```

下面对上述代码进行解释。

① 在场景中找到 Player 对象，将其存储到一个 GameObject 局部变量中。

② 使用 GetComponent 方法从玩家那里获取绑定到玩家身上的 PlayerBehavior 类的引用，并存储到一个局部变量中。

③ 将名为 HandlePlayerJump 的方法订阅到 PlayerBehavior 脚本中声明的 playerJump 事件中。

④ 声明 HandlePlayerJump 方法，方法签名与当前的事件类型一致。每当收到事件时，就在方法内部使用 debug 委托输出一条信息，如图 11-5 所示。

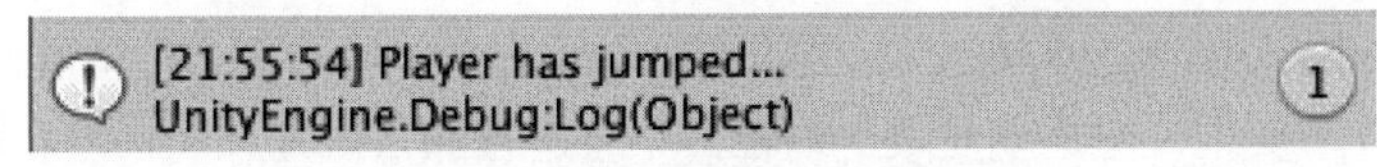

图 11-5　输出玩家跳跃成功的信息

刚刚发生了什么

为了能在 GameBheavior 脚本中正确地订阅和接收事件，需要获取绑定到玩家身上的 PlayerBehavior 类的引用。这里只使用一行代码就完成了任务，但如果分开写，代码的可读性会更好。我们接下来给 playerJump 事件分配了一个方法，这个方法会在接收到事件时执行，完成整个订阅流程。因为 Player 对象在此不会被销毁，所以不需要取消订阅 playerJump 事件，但在必要时，请不要忘记这一步。

11.4　异常处理

在编程中，将错误和异常有效地整合到代码中是专业能力的一种表现。在开始大喊“既然已经花了那么长时间试图避免这些错误，为什么还要添加它们呢”之前，你需要明白的是，此处并不是添加错误来破坏现有的代码。正好相反，当部分功能被错误使用时，可以使用错误或异常执行相应的处理，让代码更健壮且更不容易崩溃。

11.4.1　抛出异常

当谈论起添加错误时，我们将这个过程称为抛出异常。抛出异常是防御编程的一部分，并且在本质上意味着需要主动且有意识地防范代码中的不当操作以及预料之外的操作。为了标记这些情况，我们需要从方法中抛出异常，然后由调用代码处理。

例如，假设有一条 if 语句，用于在玩家注册之前，检测邮件地址是否有效。如果输入的邮件地址无效，那么可以抛出异常：

```
public void ValidateEmail(string email)
{
    if(!email.Contains("@"))
    {
        throw new System.ArgumentException("Email is invalid");
    }
}
```

可使用 throw 关键字抛出异常。System.ArgumentException 将默认记录异常在什么时候以及什么地方执行的信息，如果希望信息更具体，也可以为其添加自定义字符串。

ArgumentException 是 Exception 类的子类，可通过 System 类进行访问。C#提供了许多内置的异常类型，但这里受限于篇幅，不会进行深入研究。

注意：

通过访问链接 https://docs.microsoft.com/en-us/dotnet/api/system.exception?view= netframework-4.7.2#Standard，可以获得完整的 C#异常列表。

实践：检查场景索引

下面实现如下功能：只有当提供的场景索引为正数时，关卡才会重启，否则抛出异常。

(1) 打开 Utilities 脚本，使用如下代码为 RestartLevel 方法添加重载版本：

```
public static class Utilities
{
    public static int playerDeaths = 0;

    public static string UpdateDeathCount(out int countReference)
    {
        // ... No changes needed ...
    }

    public static void RestartLevel()
    {
        // ... No changes needed ...
    }

    public static bool RestartLevel(int sceneIndex)
    {
        // ①
        if(sceneIndex < 0)
        {
            // ②
            throw new System.ArgumentException("Scene index can not
                                                    be negative");
        }
```

```
            SceneManager.LoadScene(sceneIndex);
            Time.timeScale = 1.0f;

            return true;
        }
    }
```

(2) 在 GameBehavior 脚本中，对嵌套在 OnGUI 方法中的 RestartLevel 方法进行修改：添加索引为负的参数以输掉游戏。

```
    if(showLossScreen)
    {
        if(GUI.Button(new Rect(Screen.width / 2 - 100, Screen.height
                      / 2 - 50, 200, 100), "You lose..."))
        {
            // ③
            Utilities.RestartLevel(-1);
        }
    }
```

下面对上述代码进行解释。

① 声明一条 if 语句，用于检测 sceneIndex 是否小于 0。

② 如果把负的场景索引作为参数传递进来，就使用自定义消息抛出 ArgumentException 异常。

③ RestartLevel 方法接收值为 - 1 的参数以输掉游戏。控制台的输出结果如图 11-6 所示。

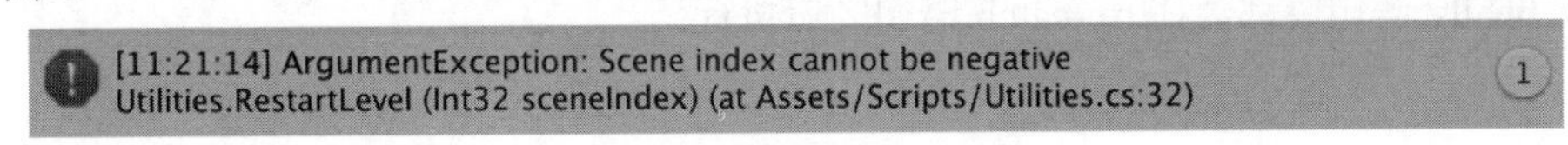

图 11-6　控制台的输出结果

刚刚发生了什么

我们刚刚输掉了游戏，RestartLevel 方法虽然被调用，但因为使用 - 1 作为场景索引，导致在执行场景管理逻辑之前触发了异常。这将导致游戏停止运行，因为此时没有任何按钮可以操作。这项安全措施正如预期的那样起了作用，避免了那些可能导致游戏崩溃的操作(Unity 在加载场景时，不支持负数索引)。

11.4.2 使用 try-catch 语句

我们的职责是安全地处理调用 RestartLevel 方法后可能产生的结果，因为此时异常还没有被正确处理。使用 try-catch 语句，可以完成异常处理任务：

```
try
{
   // Call a method that might throw an exception
}

catch (ExceptionType localVariable)
{
   // Catch all exception cases individually
}
```

try-catch 语句由不同条件下执行的连续代码块组成，类似于 if/else 语句。在 try 语句块中，可以调用可能抛出异常的任何方法，如果没有异常，代码将会继续执行，不会发生中断。如果抛出异常，代码逻辑会跳转到与异常匹配的 catch 语句，就像 switch 语句一样。catch 语句需要定义它们将要处理的异常，并指定用来表示异常的局部变量名。

注意：
可以在 try 语句块之后链接尽可能多的 catch 语句，用于处理可能从单个方法抛出的多个异常。

可选的 finally 语句块可以在任何 catch 语句的后面进行声明，无论是否有异常抛出，finally 语句块都会在 try-catch 语句之后执行：

```
finally
{
   // Executes at the end of the try-catch no matter what
}
```

实践：捕获重启错误

目前，当输掉游戏后，会有异常抛出，接下来我们需要对异常进行安全处理。对 GameBehavior 脚本进行更新，并再次输掉游戏：

```
public class GameBehavior : MonoBehaviour, IManager
```

```
{
    // ... No variable changes needed ...

    // ... No changes needed in Start
          Initialize,
          Print,
          or LogWithDelegate ...

    void OnGUI()
    {
        // ... No other changes to OnGUI needed ...
        if(showLossScreen)
        {
            if(GUI.Button(new Rect(Screen.width / 2 - 100,
            Screen.height / 2 - 50, 200, 100), "You lose..."))
            {
                // ①
                try
                {
                    Utilities.RestartLevel(-1);
                    debug("Level restarted successfully...");
                }
                // ②
                catch(System.ArgumentException e)
                {
                    // ③
                    Utilities.RestartLevel(0);
                    debug("Reverting to scene 0: " +e.ToString());
                }
                // ④
                finally
                {
                   debug("Restart handled...");
                }
            }
```

```
            }
        }
    }
```

下面对上述代码进行解释。

① 声明 try 语句块，将 RestartLevel 方法调用放到 try 语句块的内部，然后使用 debug 命令输出游戏重启成功的信息。

② 声明 catch 语句块，定义需要处理的异常为 System.ArgumentException 类型，并使用 e 作为局部变量名。

③ 如果有异常抛出，就使用默认的场景索引作为参数重启游戏。可使用 debug 委托打印自定义消息和异常信息，异常信息可以通过使用 ToString 方法将变量 e 转为字符串来得到。

提示：

因为变量 e 的类型是 ArgumentException，所以可以访问与 Exception 类相关的属性和方法。当需要特定异常的详细信息时，这些通常很有用。

④ 添加带有调试信息的 finally 语句块，用于表示异常处理结束，如图 11-7 所示。

```
[19:07:26] Reverting to scene 0: System.ArgumentException: Scene index cannot be negative
  at Utilities.RestartLevel (Int32 sceneIndex) [0x0000e] in /Users/harrisonferrone/Documents/Gi
[19:07:26] Restart handled...
UnityEngine.Debug:Log(Object)
```

图 11-7　异常处理结束

刚刚发生了什么

当调用 RestartLevel 方法时，try 语法块能安全地让调用操作执行下去。如果抛出错误，catch 语法块就会捕获并处理错误。catch 语法块会重启与默认场景索引对应的关卡，并且代码会继续执行到 finally 语法块，但 finally 语法块只是简单地打印出一条消息。

提示：

理解如何处理异常很重要，但是不应该养成在代码中到处使用异常的习惯。因为这种习惯会导致代码量快速增大并且有可能影响游戏的处理时间。另外，需要使用异常的情况往往是对无效数据进行处理，而不是针对游戏机制。

注意：

C#允许编程人员自由地创建自己需要的异常类型，以满足代码中可能存在的特殊需求，但这超出了本书的讨论范围。通过访问链接

https://docs.microsoft.com/en-us/dotnet/standard/exceptions/how-to-create-user-defined-exceptions，你可以了解更多有关自定义异常的知识。

11.5 初步了解设计模式

在结束本章之前，我们想谈一谈设计模式，因为设计模式将会在你的编程工作中发挥巨大作用。设计模式的定义如下：用于解决编程问题的一些被反复使用的模板。它们不是硬编码的解决方案，而更像是经过测试和检验的指导方针及最佳实践，可以依据具体情况做出相应调整。

设计模式已成为编程中不可或缺的一部分，并且背后有很多历史故事，如果有兴趣，可以阅读相关书籍。

提示：

我们讨论的设计模式只适用于面向对象语言，而不适用于非面向对象环境。

常见的游戏模式

记录在案的设计模式有 35 种，可分为 4 个领域，其中一些特别适合游戏开发。

- 单例模式。这种设计模式能确保给定的类在程序中只有一个实例，并且只与一个全局访问点配对(这对游戏管理类非常有用)。
- 观察者模式。这种设计模式为通知系统制定了蓝图，可通过事件告知订阅者做出行为变更。在前面的 delegate/event 实例中，观察者模式已经有了小范围的应用。
- 状态模式。这种设计模式允许对象依据当前所处的状态更改行为，这对于创建智能的敌人非常有用，它们可以依据玩家的行为或环境条件对战术进行改变。
- 对象池设计模式。这种设计模式可以回收不再使用的对象，而不是让程序每次都创建新的对象。对于 Hero Born 这种射击类游戏来说，这是一次巨大的改进，因为在一台性能较差的机器上，如果生成子弹的太多，则可能造成延迟。

Unity 是按照复合模式(有时称为组件模式)设计的，这种模式能使用独立的功能模块组合出复杂的对象。

11.6 小测验：C#中级主题

1. 泛型类和非泛型类的区别是什么？
2. 在对委托类型赋值时，需要匹配什么？
3. 如何取消订阅事件？
4. 发送异常时，需要使用 C#的哪个关键字？

11.7 本章小结

希望本章能开启你的游戏编程和软件开发之旅。本章讨论的主题相比本书大部分内容都要高出一个层次，这是有理由的。编程思维在进阶之前，需要不断锻炼。泛型、事件以及设计模式就是进阶的梯子。

第 12 章将提供有关 Unity 社区和整个软件开发行业的资源、延伸阅读以及其他有用信息。

祝你编程愉快！

第12章 旅行继续

当你到达这段旅途的终点时，回顾一下在这段旅途中获得的技能是很重要的。就像所有的学科一样，总有更多的东西需要学习和探索，所以本章将着重巩固以下几个主题，为你进一步提升编程技能提供一些资源。

- 编程基础。
- 将C#用于实践。
- 面向对象编程及其他。
- Unity 项目。
- Unity 认证。
- 如何进一步学习。

12.1 有待深入

虽然本书已经对变量、类型、方法和类进行了详细的介绍，但C#还有很多地方没有触及。在介绍一项新的技能时，不应该进行简单的没有由头的信息轰炸；学习是一个循序渐进的过程，对每一项新知识的学习都应以已有的知识为基础。

在C#编程过程中，如下一些概念是必须掌握的，而不管是否用于Untiy：

- 可选变量和动态变量。
- 数据队列和栈。

- 调试方法。
- 并发程序设计。
- 联网和 RESTful API。
- 递归和反射。
- LINQ 表达式。
- 一些中高级设计模式。

整合

当你回顾本书的代码时，不仅要考虑当前完成了什么，还要考虑它们是如何一起让项目运行起来的。本书的代码都是模块化的，这意味着行为和逻辑是自包含的。另外，代码很灵活，很容易进行改进和更新；同时代码也很干净，因而很容易被他人理解。

有一点你需要明白，消化基本概念是需要时间的，而无论它们被描述得多么清楚。事物通常在第一次尝试时并不太能被理解，恍然大悟的时刻也并不总是如期而至，关键是要不断地学习新的知识。

12.2 记住面向对象编程

面向对象编程是一个巨大的专业领域，想要掌握不仅需要学习，还需要花费时间将背后的原理应用到实际的软件开发中。你从本书学到的基础知识，或许看起来就像一座你甚至都不想尝试攀爬的山峰。当你有这种感觉时，请后退一步，重温如下概念：

- 类是你想要在代码中创建的对象的蓝图。
  - 类可以包含属性、方法及事件。
  - 类使用构造函数来定义如何实例化类。
  - 对类进行实例化会创建类的唯一实例。
- 类是引用类型，结构体是值类型。
- 类可以通过使用继承来与子类共享相同的行为和数据。
- 类使用访问修饰符来封装数据和行为。
- 类可以由其他类或结构体组成。
- 多态允许将子类与父类同等对待。
  - 多态还允许在不影响父类的情况下，更改子类的行为。

12.3 了解 Unity 项目

Unity 尽管是 3D 游戏引擎，但也仍然需要遵循我们为代码设定的原则。对于游戏来说，你在屏幕上看到的游戏对象、组件、系统只是类和数据的视觉表现。

Unity 中的所有东西都是对象，但这并不意味着所有的 C#类都必须在引擎的 MonoBehaviour 框架下工作。不要让思维局限于思考游戏机制；而应按照项目的需要，定义自己的数据或行为。

最后，你要不停地问自己：如何才能以最好的方式将代码划分为功能片段，而不是继续使用庞大、臃肿及上千行代码的类，相关的代码应该对自己的行为负责并存放在一起，这意味着需要创建独立的 MonoBehaviour 类，并把它们附加到它们将要影响的游戏对象上。本书开头提到过：程序设计更多的是一种思维方式和上下文框架，而不是记忆语法。

12.3.1 未提及的 Unity 特性

第 6 章简单介绍了 Unity 的许多特性，但仍然有一些没有提及。如果想要继续 Unity 开发，那么应该至少对以下内容有一定的了解：

- Unity 着色器和特效。
- 脚本化对象。
- 脚本编辑器的扩展。
- UI 界面元素的设计。
- ProBuilder 和地形工具。
- PlayerPrefs 和存储数据。
- 模型装配。
- 动画状态和过渡。

此外，你还应该掌握灯光、导航、粒子效果以及编辑器中的动画功能。

12.4 开展进一步学习

你目前已经具备基本的 C#语法读写能力，接下来可以学习其他技能和语法。最常见的学习途径有在线社区、教程网站和 YouTube 等。从普通读者转变为软件开发社区的活跃成员的过程可能很艰难，尤其是在有大量选择的情况下。下面列出一些 C#和 Unity 资源，希望对你能有帮助。

12.4.1 C#资源

当你使用 C#进行游戏和应用程序开发时，微软文档是很好的参考资料。如果从中无法找到特定问题的答案，可从如下社区网站进行查询。

- C# Corner：https://www.c-sharpcorner.com。
- Dot Net Pearls：http://www.dotnetperls.com。
- StackOverflow：https://stackoverflow.com。

12.4.2 Unity 资源

学习 Unity 时，视频教程、文章、免费资产等，都可以从 Unity 官方网站 https://unity3d.com 获取。然而，如果正在寻求社区问题的答案或者编程问题的具体解决方案，请访问以下网站。

- Unity Answers：https://answers.unity.com。
- StackOverflow：https://stackoverflow.com。
- Unify Community wiki：http://wiki.unity3d.com/index.php。
- Unity Gems：http://unitygems.com。

如果网速够快，你还可以访问 YouTube 上海量的教学视频。

- Brackeys：https://www.youtube.com/user/Brackeys。
- quill18creates：https://www.youtube.com/user/quill18creates。
- Sykoo：https://www.youtube.com/user/SykooTV/videos。
- Renaissance Coders：https://www.youtube.com/channel/UCkUIsk38aDaImZq2-Fgsyjw。
- BurgZerg Arcade：https://www.youtube.com/user/BurgZergArcade。

Packet 库中也包含大量有关 Unity、游戏开发和 C#的电子书籍及视频，可以通过访问 https://search.packtpub.com/?query=Unity 获得。

12.4.3 Unity 认证

Unity 为程序员和美术师提供了不同级别的认证，这将为求职人员提供一定程度的可信度和经验技能排名。对于新手来说，如果想要进入游戏行业，取得 Unity 认证将是不错的起点。Unity 提供了以下几种认证：

- 程序员认证。
- 美术认证。

- 专家认证——游戏程序员。
- 专家认证——技术美术：骨骼和动画。
- 专家认证——技术美术：着色器与特效。

注意：

Unity 还提供了一些内部的预备课程来帮助大家备考各种 Unity 认证。通过访问链接 https://certification.unity.com，大家可以找到所有信息。

试验：向世界展示一些东西

下面给你布置一项任务，这项任务对你来说可能有一定难度，但是很有意义。这项任务就是使用 C#和 Unity 知识，为软件或游戏开发社区创建一些东西。无论创建的是小型的游戏原型还是一款完整的手机游戏，都可以按照如下方式提交代码：

- 参与 GitHub(https://github.com)。
- 贡献到 Unity 社区。
- 积极参与 StackOverflow 和 Unity 问答。
- 在 Unity 商店注册并发布自定义资产(https://assetstore.unity.com)。

无论你的项目是什么，都可以把它展示给世人。

12.5 本章小结

至此，如果认为编程之旅结束了，那将大错特错，学习是永无止境的。我们初步了解了编程的组成部分、C#的基础知识，以及如何将这些知识转换为 Unity 内部有意义的行为。

最后一句忠告：如果你认为自己是程序员，那么你就是程序员。社区里可能会有许多人认为你是“菜鸟”，那是因为你缺乏被认可为真正程序员所必备的经验，更有甚者，你需要某种无形的专业认可。你可以忽略他人的看法，如果你经常进行思维训练，以编写高效、干净的代码解决问题为目标，热爱学习新的事物，那么你就是程序员。有了这样的理念，你的编程之旅将变得非常愉悦。